江苏省“十四五”时期重点出版物出版专项规划项目

南水北调后续工程高质量发展 · 大型泵站标准化管理系列丛书

操作作业指导书
工程观测作业指导书

CAOZUO ZUOYE ZHIDAOSHU
GONGCHENG GUANCE ZUOYE ZHIDAOSHU

南水北调东线江苏水源有限责任公司◎编著

· 南京 ·

图书在版编目(CIP)数据

操作作业指导书、工程观测作业指导书 / 南水北调东线江苏水源有限责任公司编著. -- 南京 : 河海大学出版社, 2022.2(2024.1重印)

(南水北调后续工程高质量发展·大型泵站标准化管理系列丛书)

ISBN 978-7-5630-7381-8

Ⅰ. ①操… Ⅱ. ①南… Ⅲ. ①南水北调—泵站—操作—标准化管理②南水北调—泵站—观测—标准化管理 Ⅳ. ①TV675—65

中国版本图书馆CIP数据核字(2021)第270833号

书　　名　操作作业指导书、工程观测作业指导书
书　　号　ISBN 978-7-5630-7381-8
责任编辑　彭志诚　卢蓓蓓
特约校对　薛艳萍　李　萍
装帧设计　徐娟娟
出版发行　河海大学出版社
地　　址　南京市西康路1号(邮编:210098)
网　　址　http://www.hhup.cm
电　　话　(025)83737852(总编室)
　　　　　(025)83722833(营销部)
经　　销　江苏省新华发行集团有限公司
排　　版　南京布克文化发展有限公司
印　　刷　广东虎彩云印刷有限公司
开　　本　787毫米×1092毫米　1/16
印　　张　10
字　　数　248千字
版　　次　2022年2月第1版
印　　次　2024年1月第2次印刷
定　　价　80.00元

丛书编委会

操作作业指导书、工程观测作业指导书

本册主编 李松柏 王亦斌

副 主 编 王从友 孙 飞 解 斌

编写人员 孙 涛 周 杨 孔凡奇 葛洋洲 蒋德润 周晨露 周 亮 包滕龙 王 凯 张卫东 王晓森 汤 鑫 贾 璐 马 莹 朱梦梦 顾静静 俞 瑾 曾令炜

序

我国人多水少，水资源时空分布不均，水资源短缺的形势十分严峻。20世纪50年代，毛泽东主席提出了“南水北调”的宏伟构想，经过了几十年的勘测、规划和研究，最终确定在长江下、中、上游建设南水北调东、中、西三条调水线路，连接长江、淮河、黄河、海河，构成我国水资源“四横三纵、南北调配、东西互济”的总体格局。2013年11月15日南水北调东线一期工程正式通水，2014年12月12日南水北调中线一期工程正式通水，东中线一期工程建设目标全面实现。50年规划研究，10年建设，几代人的梦想终成现实。如今，东中线一期工程全面通水7年，直接受益人口超1.4亿。

近年来，我国经济社会高速发展，京津冀协同发展、雄安新区规划建设、长江经济带发展等多个区域重大战略相继实施，对加强和优化水资源供给提出了新的要求。习近平总书记分别于2020年11月和2021年5月两次调研南水北调工程，半年内从东线源头到中线渠首，亲自推动后续工程高质量发展。“南水北调东线工程要成为优化水资源配置、保障群众饮水安全、复苏河湖生态环境、畅通南北经济循环的生命线。”“南水北调工程事关战略全局、事关长远发展、事关人民福祉。”这是总书记对南水北调工程的高度肯定和殷切期望。充分发挥工程效益，是全体南水北调从业者义不容辞的使命。

作为南水北调东线江苏段工程项目法人，江苏水源公司自2005年成立以来，工程建设期统筹进度与管理，突出管理和技术创新，截至目前已有8个工程先后荣获“中国水利优质工程大禹奖”，南水北调江苏境内工程荣获“国家水土保持生态文明工程”，时任水利部主要领导给予“进度最快、质量最好、投资最省”的高度评价；工程建成通水以来，连续8年圆满完成各项调水任务，水量、水质持续稳定达标，并在省防指的统一调度下多次投入省内排涝、抗旱等运行，为受涝旱影响地区的生产恢复、经济可持续发展及民生福祉保障提供了可靠基础，受到地方政府和人民群众的高度肯定。

多年的南水北调工程建设与运行管理实践中，江苏水源公司积累了大量宝贵的经验，形成了具有自身特色的大型泵站工程运行管理模式与方法。为进一步提升南水北调东线江苏段工程管理水平，构建更加科学、规范、先进、高效的现代化工程管理体系，江苏水源公司从 2017 年起，在全面总结、精炼现有管理经验的基础上，历经 4 年精心打磨，逐步构建了江苏南水北调工程"十大标准化体系"，并最终形成这套丛书。十大标准化体系的创建与实施，显著提升了江苏南水北调工程管理水平，得到了业内广泛认可，已在诸多国内重点水利工程中推广并发挥作用。

加强管理是工程效益充分发挥的基础。江苏水源公司的该套丛书作为"水源标准、水源模式、水源品牌"的代表之作，是南水北调东线江苏段工程标准化管理的指导纲领，也是不断锤炼江苏南水北调工程管理队伍的实践指南。管理的提升始终在路上，真诚地希望该丛书出版后能得到业内专业人士的指点完善，不断提升管理水平，共同成就南水北调功在当代、利在千秋的世纪伟业。

中国工程院院士：谭洪武

2022年元月

目录

操作作业指导书

工程观测作业指导书

操作作业指导书

1　范围

本指导书以洪泽站为例，规定了南水北调东线江苏水源有限责任公司辖管泵站工程机电设备运行操作。

2　规范性引用文件

下列文件中的内容通过文中的规范性引用而构成本文件必不可少的条款。其中，注日期的引用文件，仅该日期对应的版本适用于本文件；不注日期的引用文件，其最新版本（包括所有的修改单）适用于本文件。

GB 26860 电力安全工作规程 发电厂和变电站电气部分

GB 2894 安全标志及其使用导则

SL 255 泵站技术管理规程

DL/T 751 水轮发电机运行规程

NSBD 16—2012 南水北调泵站工程管理规程

DB 32/T 1360 泵站运行规程

DB 32/T 1595 水闸运行规程

3　术语和定义

下列术语和定义适用于本标准化作业指导书。

3.1　泵站操作作业指导书

规范泵站机电设备运行操作程序，对运行管理人员开展机电设备操作进行标准化作业指导的文件。

3.2　主机组

泵站主水泵、主电动机及其传动装置的设备统称。

3.3　水轮发电机组

由水轮机、水轮发电机及其附属设备（调速、励磁装置）组成的水力发电设备。

3.4　气体绝缘金属封闭开关设备(GIS)

由断路器、隔离开关、接地开关、电压互感器、电流互感器、避雷器、母线、电缆终端、进出线套管等，经优化设计有机组合成的一个整体。

3.5　技术供水系统

供给泵站主机组冷却、润滑用水的系统。

3.6 排水系统

排除泵站内部及外部积水及废水的系统。

3.7 现地控制单元(LCU)

采用可编程序控制器或其他智能控制器作为核心,并配有其他自动化仪表的成套装置,可实现对现场设备进行控制和调节,并对主要运行参数进行监视、测量和报警。

3.8 可编程控制器(PLC)

可编程控制器是一种专门为在工业环境下应用而设计的数字运算操作的电子装置。它采用可以编制程序的存储器,用来在其内部存储执行逻辑运算、顺序运算、计时、计数和算术运算等操作的指令,并能通过数字式或模拟式的输入和输出,控制各种类型的机械或生产过程。

4 总体要求

(1) 为规范泵站机电设备运行操作,确保设备运行安全可靠,制定本文件。

(2) 泵站机电设备运行操作前,应确保作业现场的运行条件、安全设施、安全工器具等符合国家或行业标准规定,安全防护用品合格、齐备。

(3) 泵站机电设备运行操作人员要求具备必要的电气知识、安全生产知识和业务技能,掌握急救基本方法。

(4) 泵站机电设备操作应严格执行操作票制度,落实安全组织措施和技术措施,确保人员、设备安全。

5 倒闸操作

5.1 主电源投入

5.1.1 准备工作

(1) 检查确认 GIS 开关。

(2) 室内无人工作,工作票已终结,接地线已拆除;设备及周围无影响运行的杂物、蛛网等(如图 5-1 所示)。

图 5-1　已终结的工作票与室内无人工作时的环境

(3) 通过 SF_6气体泄漏在线监测装置和气体密度继电器(如图 5-2 所示),检查确认 GIS 各气室 SF_6气体密度、压力应符合要求,无报警信号(注:进线气室大于 0.3 MPa;母线三通气室大于 0.3 MPa;电压互感器室大于 0.45 MPa;避雷气室大于 0.45 MPa;断路器气室大于 0.53 MPa;出线室大于 0.3 MPa)。

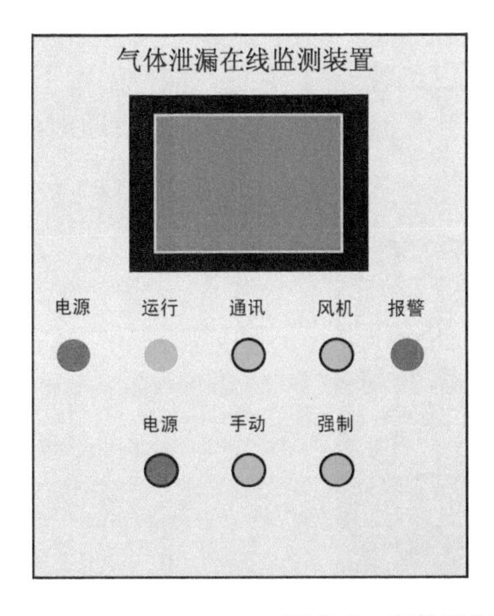

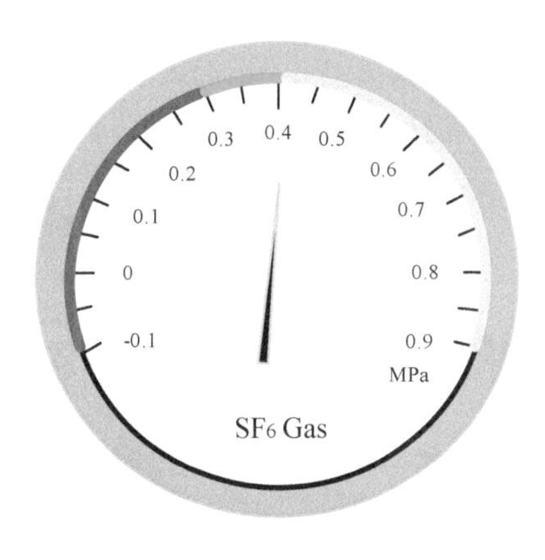

图 5-2　气体泄漏在线监测装置和气体密度压力表

(4) 检查确认断路器、隔离开关、接地开关实际位置与 GIS 汇控柜盘面开关状态指示是否相符(如图 5-3 所示)。

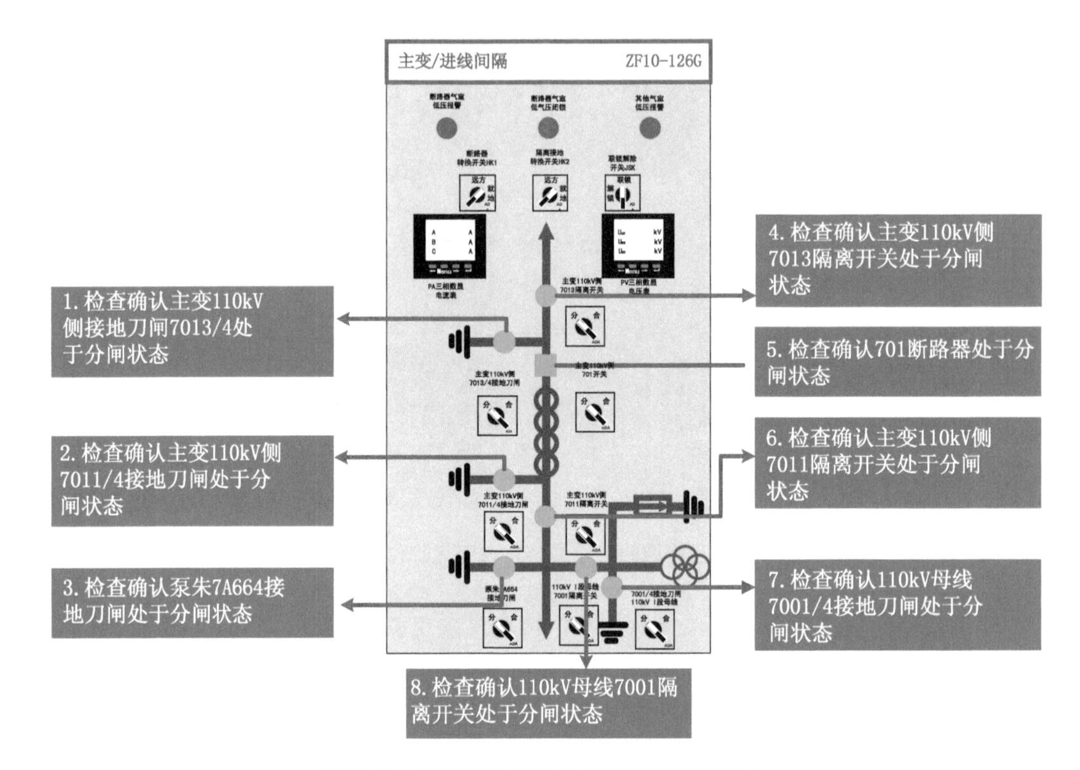

图 5-3　需要检查确认各个刀闸正确的状态

（5）主变压器停用3个月以上时，在投运前应测量其绝缘电阻，其值在同一温度下不得小于上次测得值的60%；吸收比在10～30℃下不得小于1.3，否则应进行干燥或处理，合格后方可投运（如图5-4所示）。

图 5-4　绝缘电阻值在同一温度下测得的阻值以及吸收比

（6）检查主变时应无人工作，工作票已终结，接地线已全部拆除。检查变压器是否符合运行条件（如图5-5所示）。

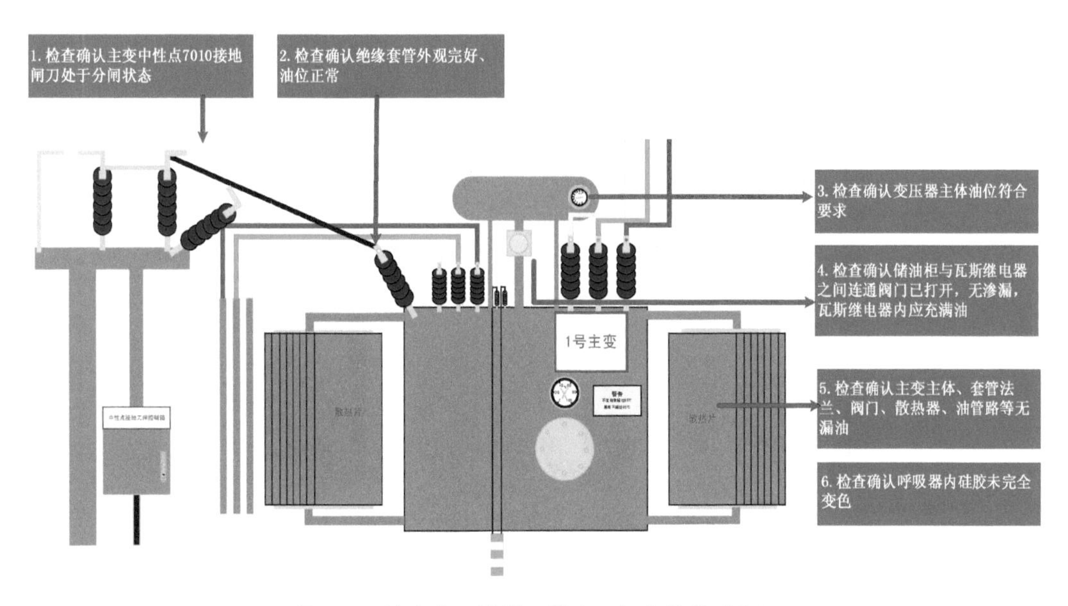

图 5-5　检查变压器是否符合运行条件的过程图

(7) 检查主变出线侧 101 断路器应在“分闸”位置(101 断路器在高压室内,如图 5-6 和图 5-7 所示)。

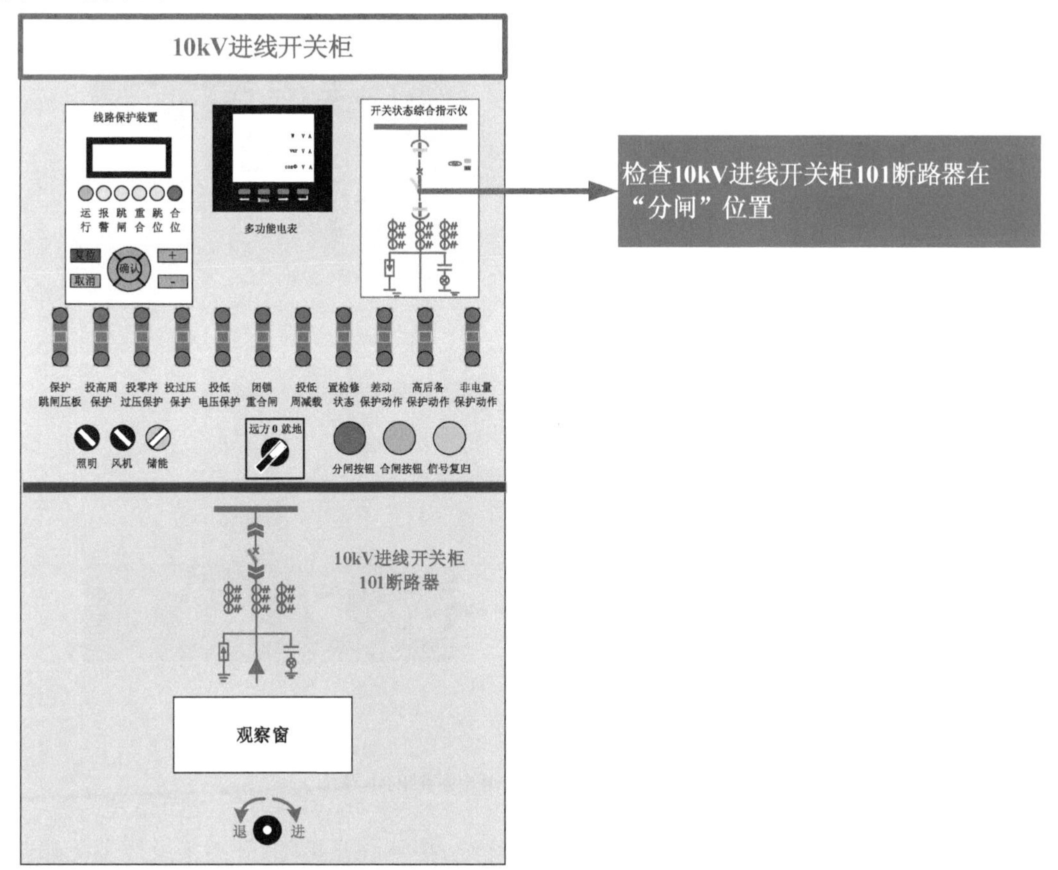

图 5-6　断路器在“分闸”位置时的示意图

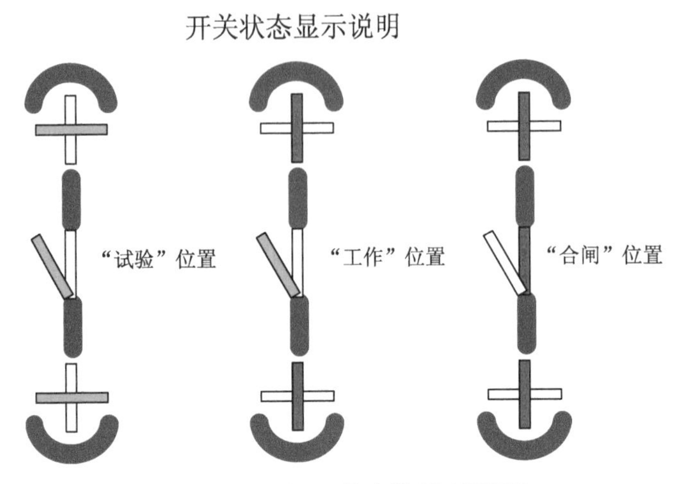

图 5-7 开关显示状态的显示说明图

(8) 检查确认主变保护装置工作正常(如图 5-8 所示),无报警、跳闸信号;主变保护压板投退位置正确。

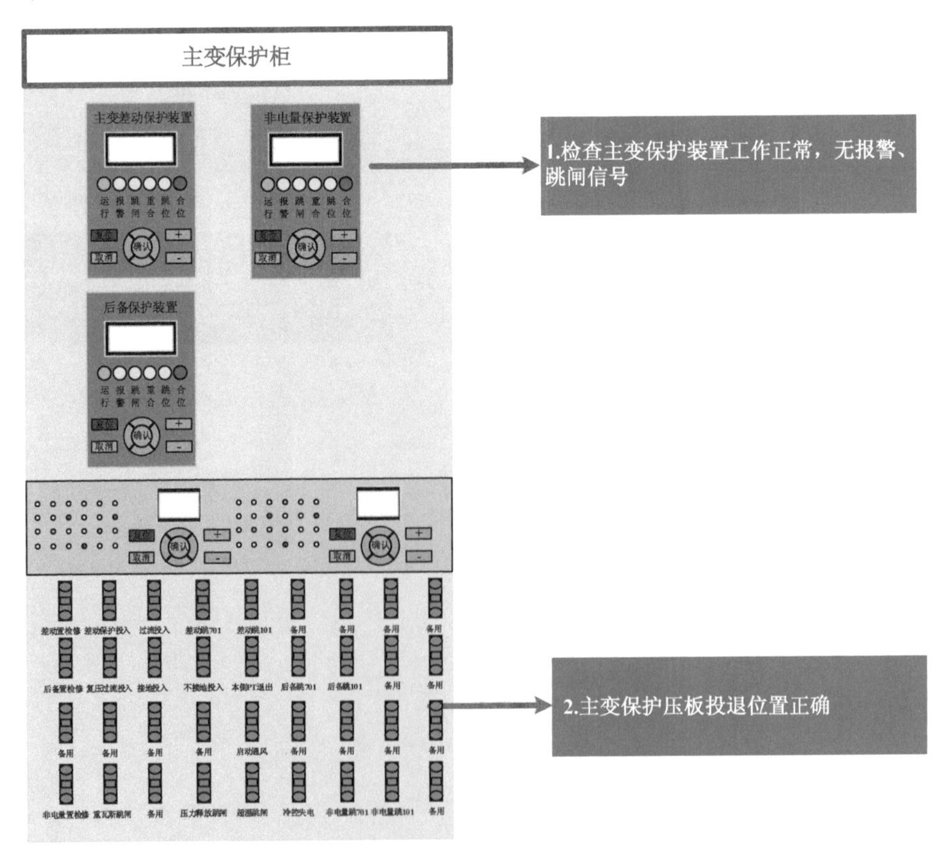

图 5-8 主变保护装置工作正常时的示意图

(9) 检查确认高压室内无人工作,工作票已终结,接地线已拆除;开关柜及周围无影响运行的杂物、蛛网等(如图 5-9 所示)。

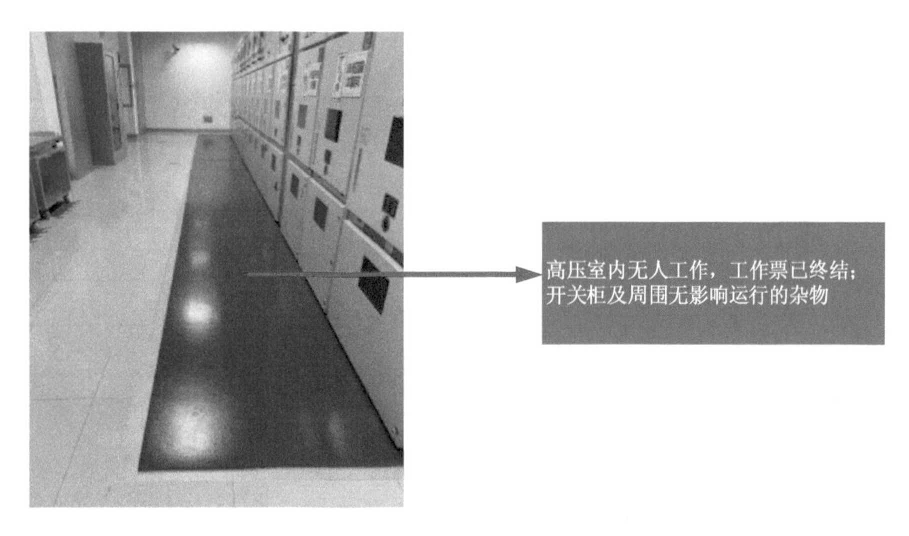

图 5-9　为检查确认结束之后室内应该处于的整洁的状态图

检查确认，主机 111、112、113、114、115 断路器，站变 119 断路器应在“分闸”位置，检查主机 1114、1124、1134、1144、1154 接地开关，站变 1194 接地开关应在“分闸”位置。

(10) 到中控室，将现场检查结果与上位机进行比较，确认信息应一致(如图 5-10 所示)。

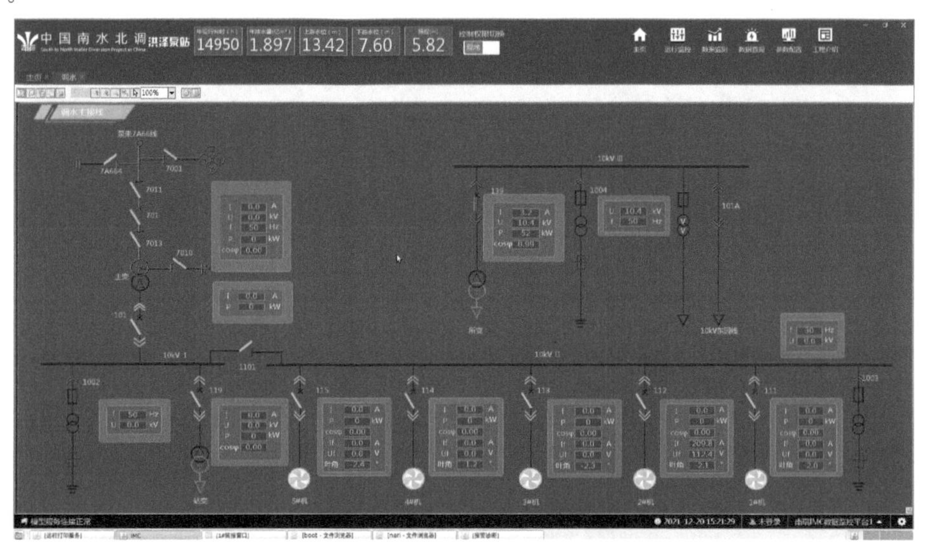

图 5-10　中控室上位机的显示图

(11) 向淮安市地调中心申请投运 1# 主变压器，完成供电调度手续，双方确认将主变保护调至调水工况(淮安市调电话 2000，洪泽区调电话 5172)。

5.1.2　上位机一键操作

① 在上位机标题栏右上部有“运行监控”选项，在下方出现的分栏里点击“调水”进入调水主接线监控画面(如图 5-10 所示)；

② 单击 110 kV 进线 701 开关，进入调水送电流程(如图 5-11 所示)，分为“倒闸前准

备”“倒闸”“倒闸结束”三部分；

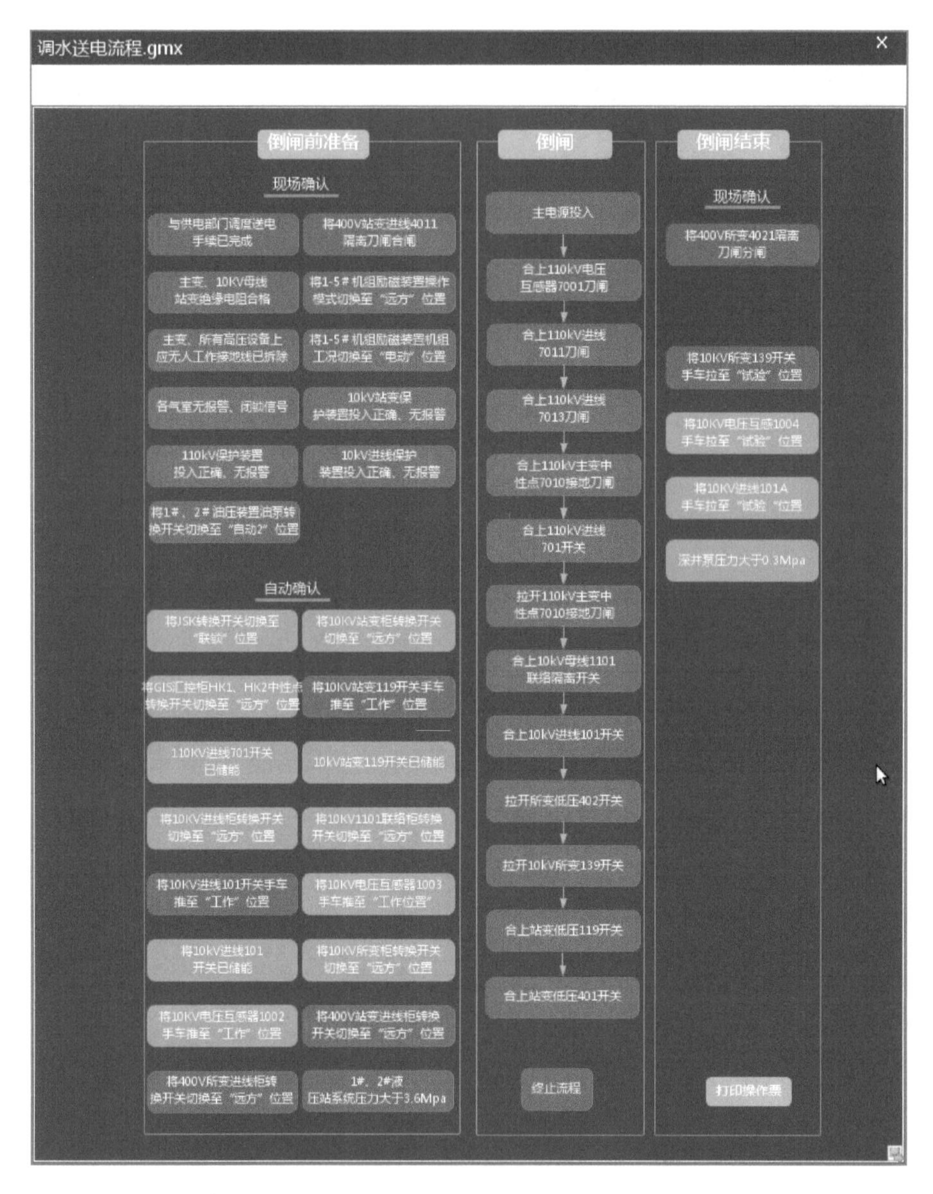

图 5-11　调水送电流程示意图

③ 在“倒闸前准备”的“现场确认”项中，有 11 个红色方框，内容（信号）与现场一一核对，依次点击红色方框确认，直到全部变为绿色；

④ 在“倒闸前准备”的“自动确认”项中，有 16 个方框，内容（信号）由上位机自行采集判断，应全部显示绿色；

⑤ 在“倒闸”中，点击“主电源投入”按钮，开始执行“主变投入，站、所变切换”操作，方框由上至下依次变为绿色（注：点击下方“终止流程”按钮，可随时中断操作）；

⑥ 在“倒闸结束”中，有 5 个方框，在第⑤步结束后，运行人员至现场，按方框内容进行操作，直到全部显示绿色；

⑦ 点击“打印操作票”按钮，打印出操作票，操作票画面(如图 5-12 所示)。

洪泽站调水送电操作票

序号	操作内容	状态	序号	操作内容	状态	序号	操作内容	状态	时间
1	与供电部门调度送电手续已完成	已确认	17	10kV站变保护装置投入正确、无报警	已确认	1	合上110kV电压互感器7001刀闸	已合闸	
2	主变、10kv母线站变绝缘电阻合格	已确认	18	将10KV1101联络柜转换开关切换至“远方”位置	已确认	2	合上110kV进线7011刀闸	已合闸	
3	主变、所有高压设备上无人工作接地线已拆除	已确认	19	将10KV电压互感器1003手车推至“工作位置”	已确认	3	合上110kV进线7013刀闸	已合闸	
4	将JSK转换开关切换至“联锁”位置	已确认	20	将10KV所变柜转换开关切换至“远方”位置	已确认	4	合上110kV主变中性点7010接地刀闸	已合闸	
5	将GIS汇控柜HK1、HK2中性点转换开关切换至“远方”位置	已确认	21	将400V站变进线柜转换开关切换至“远方”位置	已确认	5	合上110kV进线701开关	已合闸	
6	备气室无报警、闭锁信号	已确认	22	将400V站变进线4011隔离刀闸合闸	已确认	6	拉开110kV主变中性点7010接地刀闸	已分闸	
7	110KV进线701开关已储能	已确认	23	将400V所变进线柜转换开关切换至“远方”位置	已确认	7	合上10kV母线1101联络隔离开关	已合闸	
8	110kV保护装置投入正确、无报警	已确认	24	将1-5#机组励磁装置操作模式切换至“远方”位置	已确认	8	合上10kV进线101开关	已合闸	
9	将10KV进线柜转换开关至“远方”位置	已确认	25	将1-5#机组励磁装置机组工况切换至“电动”位置	已确认	9	拉开所变低压402开关	已合闸	
10	将10KV进线101开关手车推至“工作”位置	已确认	26	将1#、2#油压装置油泵转换开关切换至“自动2”位置	已确认	10	拉开10kV所变139开关	已分闸	
11	将10kV进线101开关已储能	已确认	27	1#、2#液压站系统压力大于3.6Mpa	已确认	11	合上10kV所变119开关	已合闸	
12	10kV进线保护装置投入正确、无报警	已确认				12	合上站变低压401开关	已合闸	
13	将10KV电压互感器1002手车推至“工作”位置	已确认				13	将400V所变4021隔离刀闸分闸	已分闸	
14	将10KV站变柜转换开关切换至“远方”位置	已确认				14	将10KV所变139开关手车拉至“试验”位置	试验位	
15	将10KV站变119开关手车推至“工作”位置	已确认				15	将10KV电压互感1003手车拉至“试验”位置	试验位	
16	10kV站变119开关已储能	已确认				16	将10KV进线101A手车拉至“试验”位置	试验位	

发令人：　　监护人：　　受令时间：

受令人：　　操作人：　　完成时间：

图 5-12　调水送电操作票示意图

5.1.3　现地手动操作

(1) 主变投入操作

应首先填写手动操作票，按操作票顺序进行主变投入操作：

① 将断路器转换开关 HK1 和隔离接地转换开关 HK2 调至“现地”位置；

② 合上 110 kV 母线 7001 刀闸，检查指示灯应由绿色变为红色，现场开关为“合”位置，检查 110 kV 电压应正常；

③ 合上 110 kV 主变中性点 7010 接地开关，现场刀闸为“合”位置；

④ 合上主变 110 kV 侧 7011 刀闸，检查指示灯应由绿色变为红色，现场开关为“合”位置；

⑤ 合上主变 110 kV 侧 7013 刀闸，检查指示灯应由绿色变为红色，现场开关为“合”位置；

⑥ 合上主变 110 kV 侧 701 开关，检查指示灯应由绿色变为红色，现场开关为“合”位置。

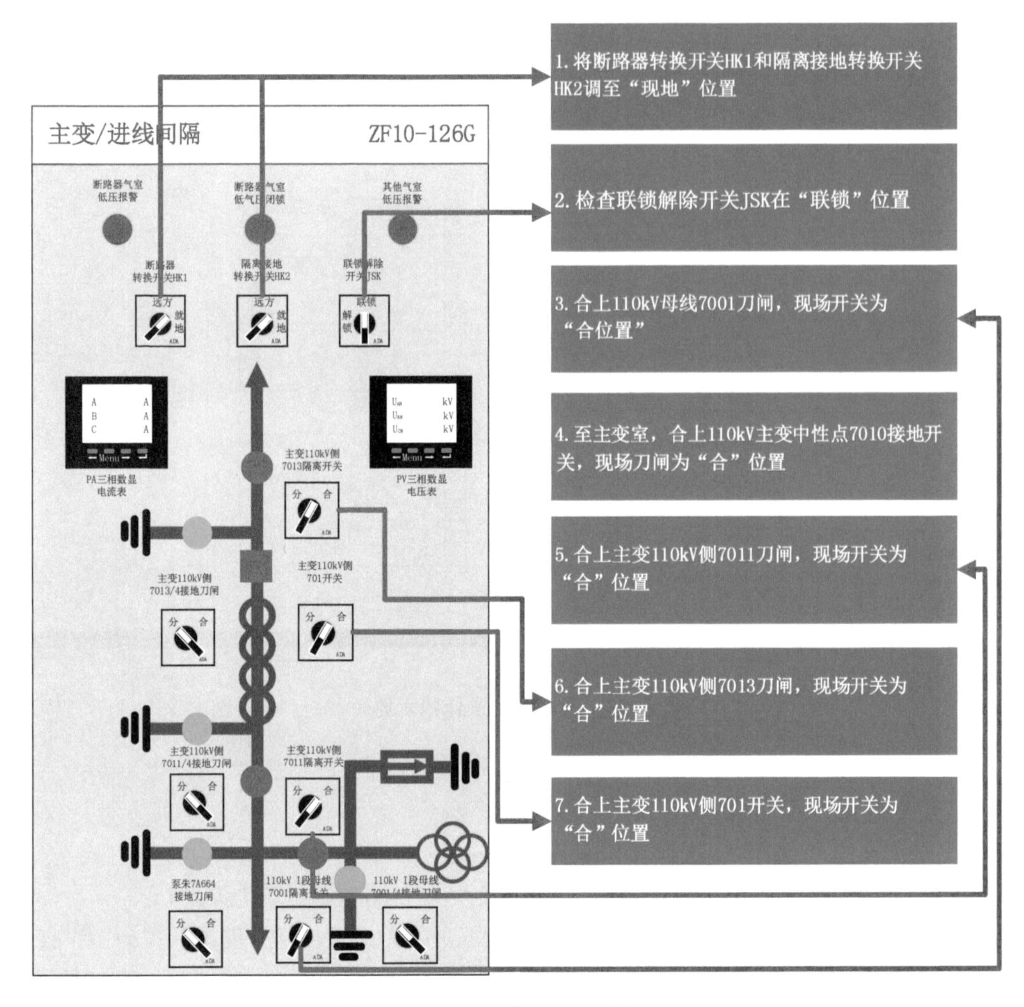

图 5-13　填写操作票的操作顺序图

注:主变投运后,拉开 110 kV 主变中性点 7010 接地刀闸,检查现场刀闸为“分”位置。

(2) 10 kV 母线送电操作

① 10 kV 进线开关投入操作(如图 5-14 所示)

(a) 将“就地/远方”转换开关调至“就地”位置;

(b) 将黑色摇把插入断路器室柜门下方圆孔内,顺时针旋转将手车摇至工作位置;

(c) 按下“合闸按钮”,开关柜状态综合指示仪应显示“合闸”状态。

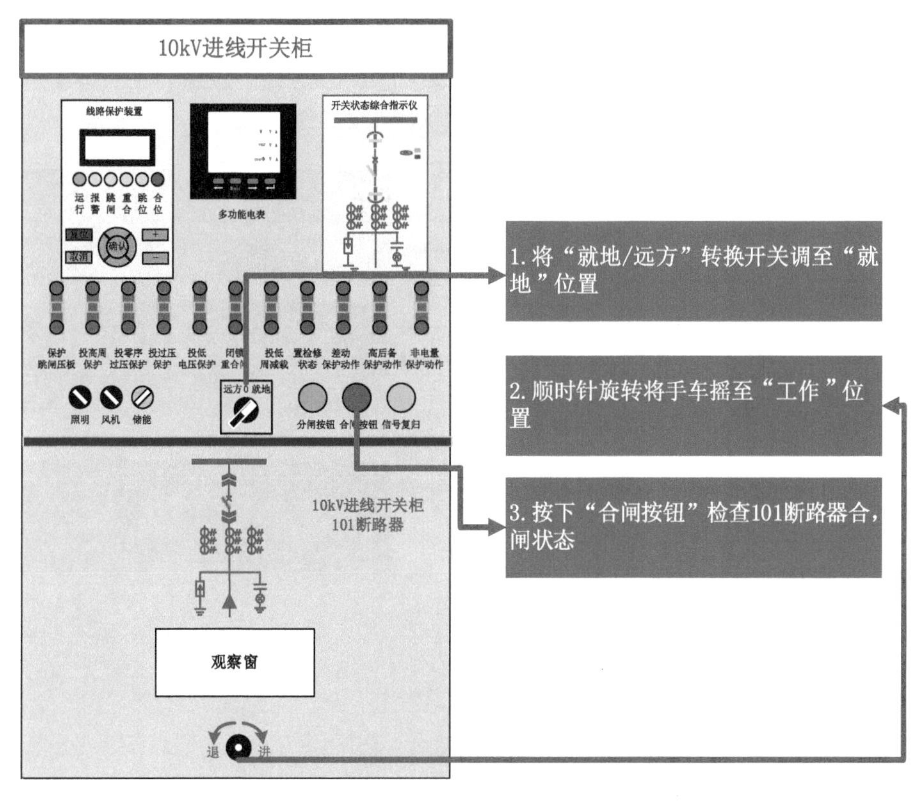

图 5-14　为 10 kV 进线开关投入操作示意图

② 10 kV 电压互感器投入操作

将黑色摇把插入互感器室柜门下方圆孔内，顺时针旋转将手车摇至“工作”位置(如图 5-15)。

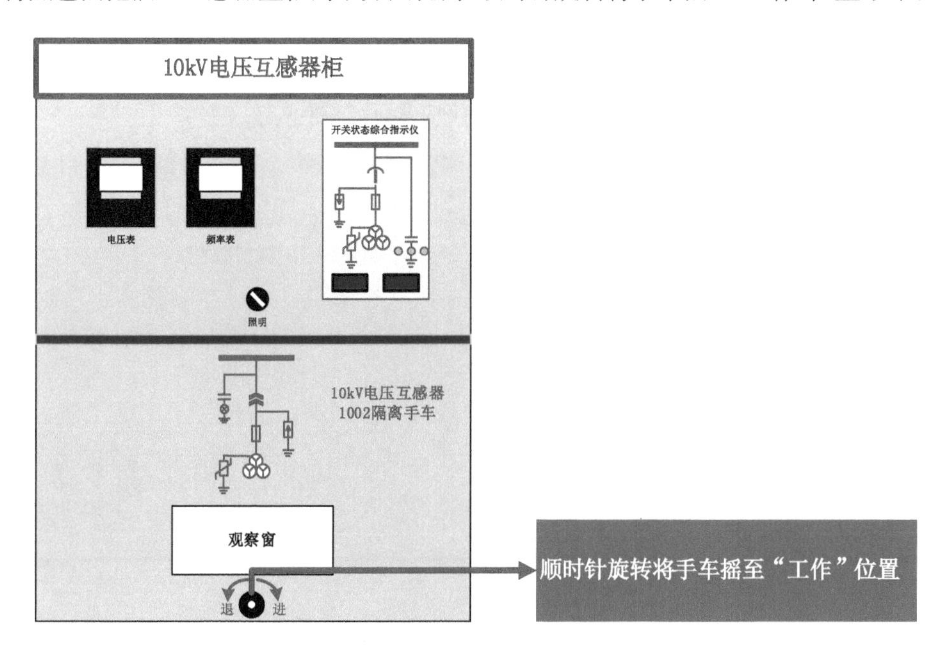

图 5-15　10 kV 电压互感器投入操作示意图

③ 联络隔离开关柜投入操作(如图 5-16 所示)

(a) 将"现地/远控"转换开关调至"现地"位置;

(b) 按下"合闸按钮",开关柜状态综合指示仪应显示"合闸"位置。

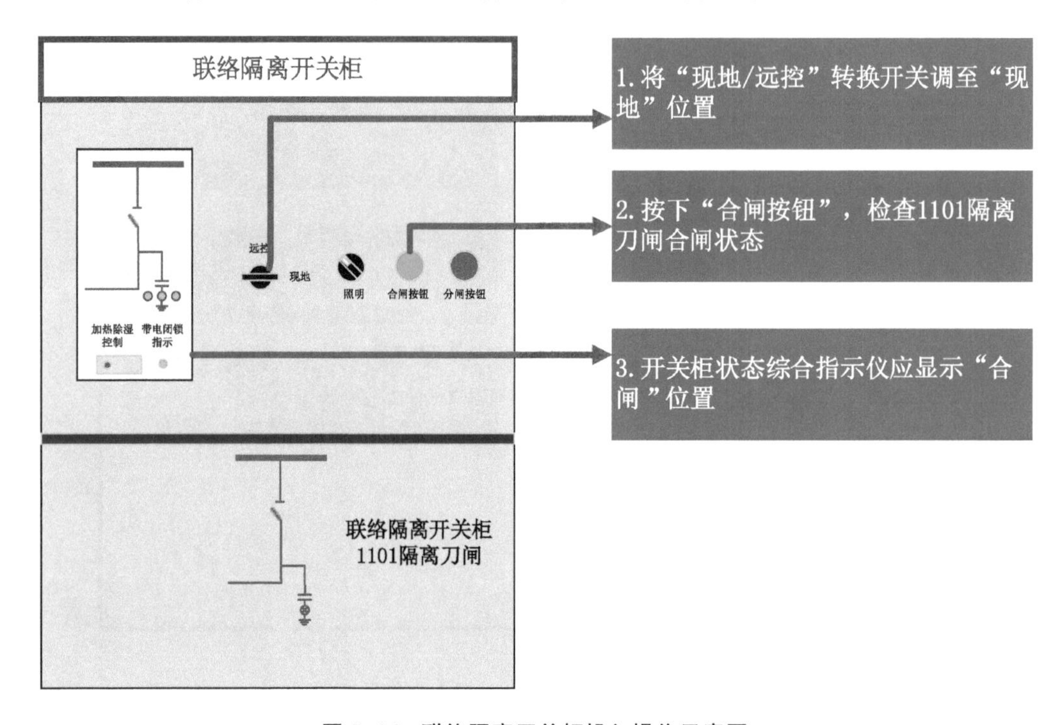

图 5-16 联络隔离开关柜投入操作示意图

(3) 站变投入、所变切出操作(如图 5-17 至 5-19 所示)

① 将站变 119 开关"就地/远方"转换开关调至"就地"位置;

② 将黑色摇把插入断路器室柜门下方圆孔内,顺时针旋转将手车摇至工作位置;

③ 按下"合闸按钮",开关柜状态综合指示仪应显示合闸状态;

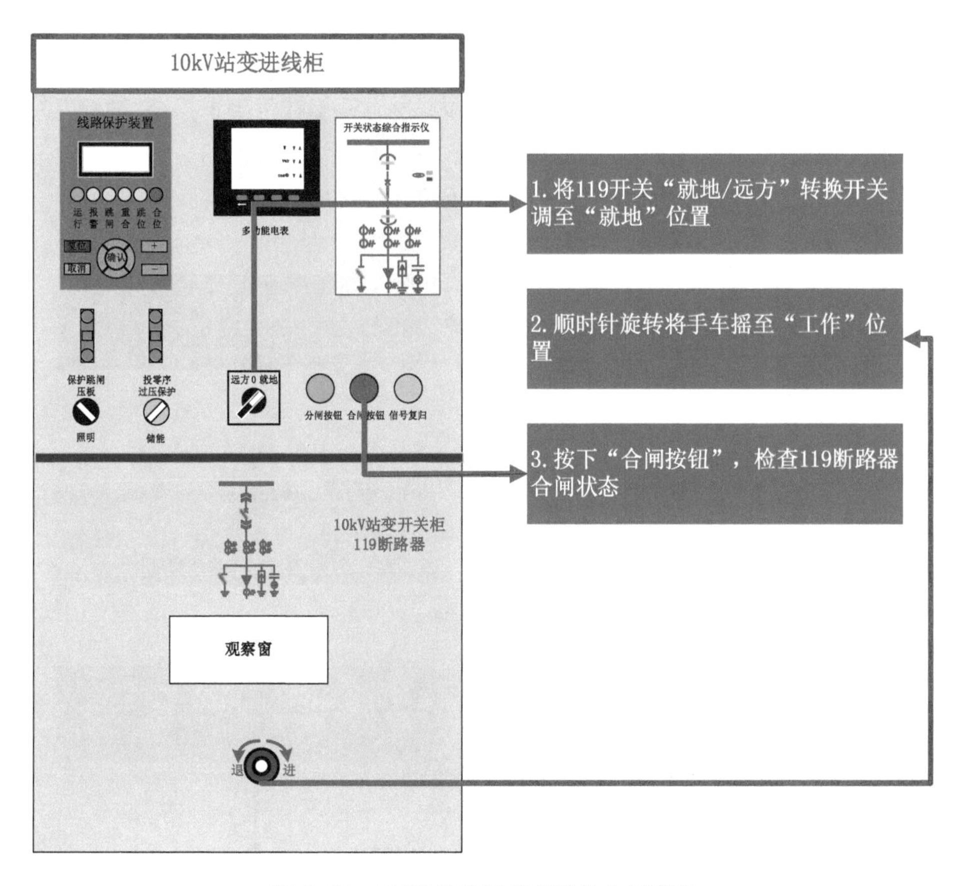

图 5-17　10 kV 站变进线柜的操作示意图

④ 按下低压 402 断路器“分闸按钮”，检查确认 402 开关处于分位状态；

⑤ 按下低压 401 断路器“合闸按钮”，检查确认 401 开关处于合位状态；

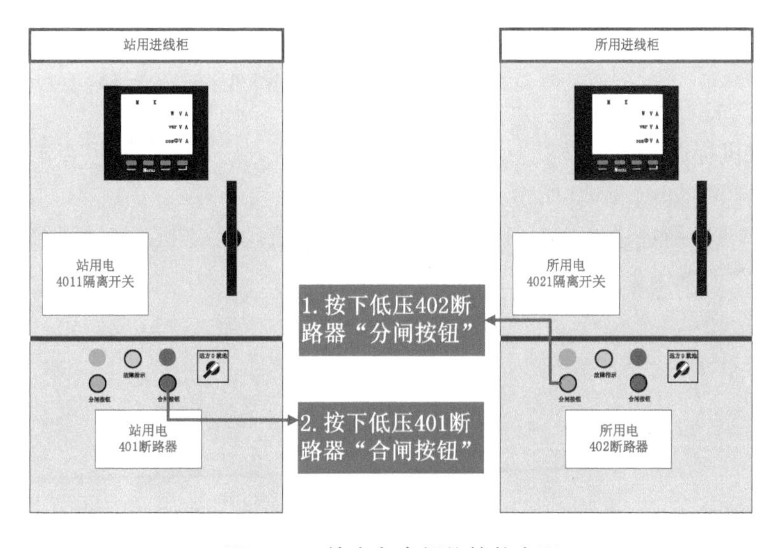

图 5-18　检查各个闸位的状态图

⑥ 将所变 139 开关“就地/远方”转换开关调至“就地”位置；

⑦ 按下“分闸按钮”，开关柜状态综合指示仪应显示“分闸”状态；

⑧ 将黑色摇把插入断路器室柜门下方圆孔内，逆时针旋转将手车摇至“试验”位置。

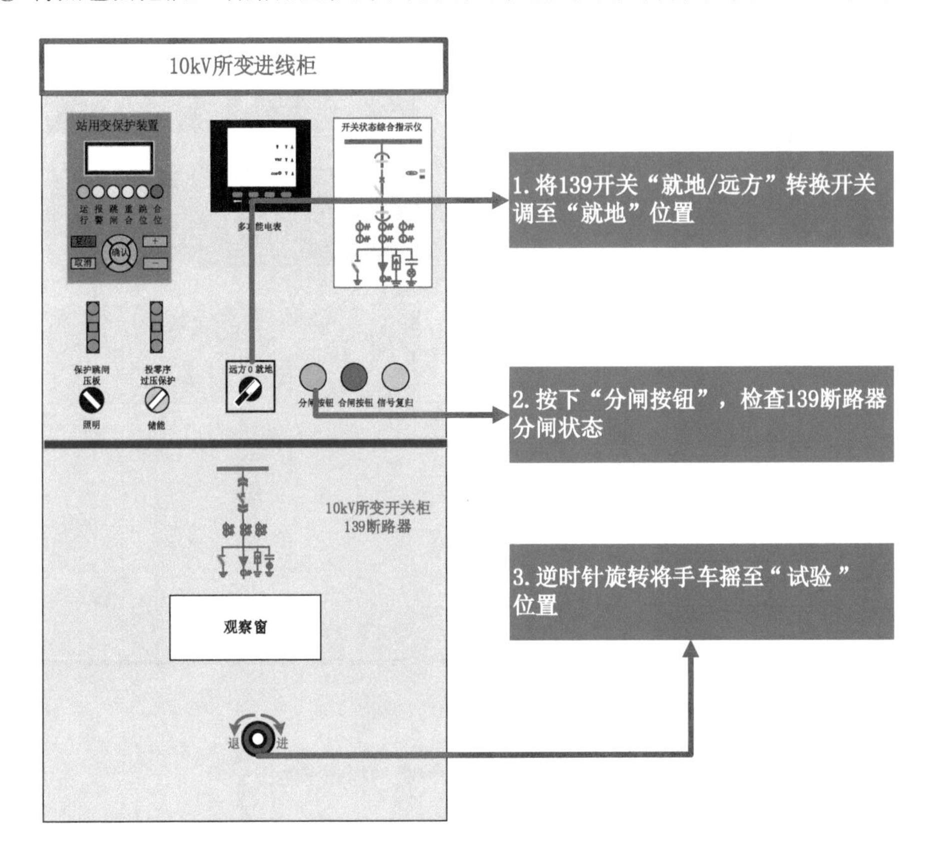

图 5-19　10 kV 所变进线柜的操作示意图

5.2　主电源切出

5.2.1　上位机一键操作

① 在上位机标题栏右上部有“运行监控”选项，在下方出现的分栏里点击“调水”进入调水主接线监控画面(如图 5-20 所示)；

② 单击 10 kV 所变进线 139 开关，进入调水退电流程(如图 5-20 所示)，分为“倒闸准备”“倒闸开始”“倒闸结束”三部分；

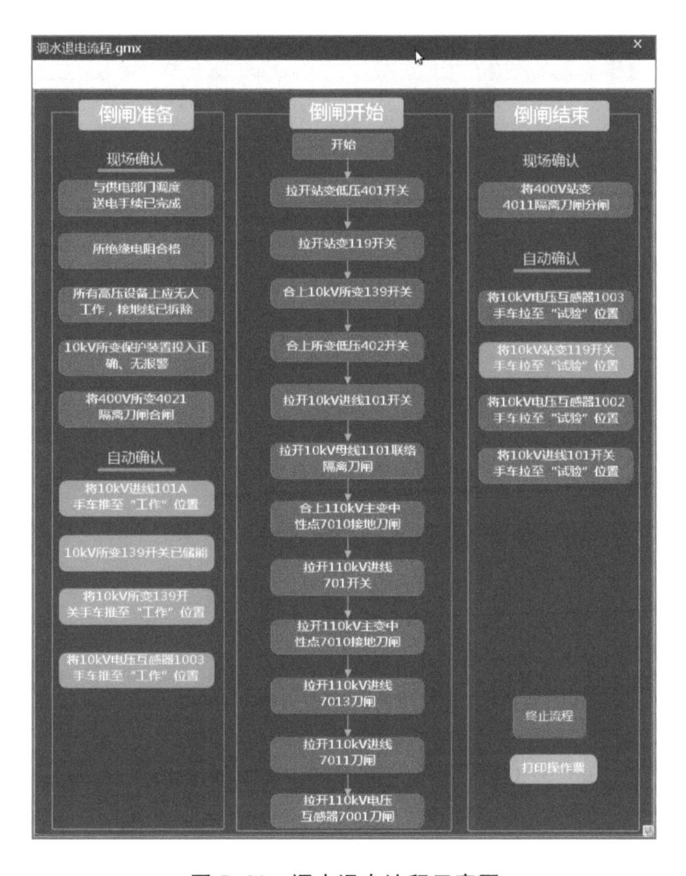

图 5-20 调水退电流程示意图

③ 在“倒闸准备”的“现场确认”项中，有 5 个红色方框，内容(信号)与现场一一核对，依次点击红色方框确认，直到全部变为绿色；

④ 在“倒闸准备”的“自动确认”项中，有 4 个方框，内容(信号)由上位机自行采集判断，应全部显示绿色；

⑤ 在“倒闸开始”中，点击“开始”按钮，开始执行“所变投入、站变切出，主变切出”操作，方框由上至下依次变为绿色(注：点击下方“终止流程”按钮，可随时中断操作)；

⑥ 在“倒闸结束”中，有 5 个方框，在第⑤步结束后，运行人员至现场，按方框内容进行操作，直到全部显示绿色；

⑦ 点击“打印操作票”按钮，打印出操作票，操作票画面(如图 5-21 所示)。

洪泽站调水停电操作票

年 月 号

序号	操作内容	状态	序号	操作内容	状态	时间	序号	操作内容	状态
1	与供电部门调度送电手续已完成	已确认	1	拉开站变低压401开关	已分闸		1	将400V站变4011隔离刀闸分闸	已分闸
2	主变、10kv母线站变绝缘电阻合格	已确认	2	拉开站变119开关	已分闸	2021-12-08 11:13:15	2	将10kV电压互感器1004手车拉至“试验”位置	已确认
3	主变、所有高压设备上无人工作接地线已拆除	已确认	3	合上10kV所变139开关	已合闸	2021-12-08 11:13:20	3	将10kV站变119开关手车拉至“试验”位置	已确认
4	将10kV进线101A手车推至“工作”位置	已确认	4	合上所变低压402开关	已合闸		4	将10kV电压互感器1002手车拉至“试验”位置	已确认
5	将10kV电压互感器1003手车推至“工作”位置	已确认	5	拉开10kV进线101开关	已分闸	2021-12-15 17:25:38	5	将10kV进线101开关手车拉至“试验”位置	已确认
6	将10kV所变139开关手车推至“工作”位置	已确认	6	拉开10kV母线1101联络隔离开关	已分闸		6		
7	10kV所变119开关已储能	已确认	7	拉开110kV主变中性点7010接地刀闸	已分闸		7		
8	10kV所变保护装置投入正确、无报警	已确认	8	拉开110kV进线701开关	已分闸	2021-05-25 16:32:25	8		
9	将400V所变4021隔离刀闸合闸	已确认	9	拉开110kV主变中性点7010接地刀闸	已分闸		9		
			10	拉开110kV进线7013刀闸	已分闸		10		
			11	拉开110kV进线7011刀闸	已分闸		11		
			12	拉开110kV电压互感器70C1刀闸	已分闸		12		

发令人：　　监护人：　　受令时间：

受令人：　　操作人：　　完成时间：

图 5-21　调水退电操作票示意图

5.2.2　现地手动操作

（1）站变切出、所变投入操作（如图 5-22 至图 5-24 所示）

① 将所变 139 开关“就地/远方”转换开关调至“就地”位置；

② 将黑色摇把插入断路器室柜门下方圆孔内，顺时针旋转将手车摇至“工作”位置；

③ 按下“合闸按钮”，开关柜状态综合指示仪应显示合闸状态；

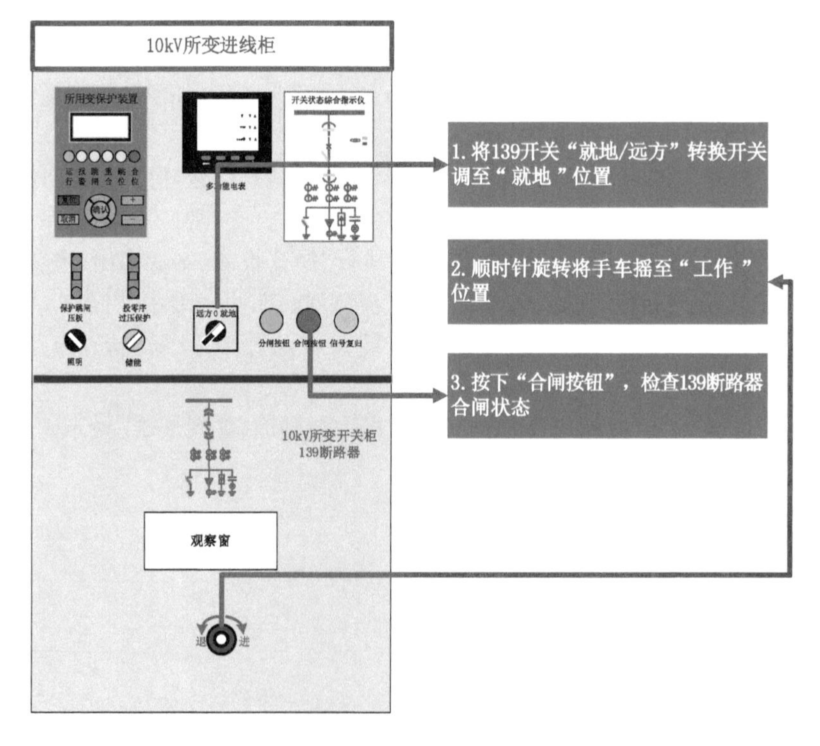

图 5-22　10 kV 现地操作示意图

④ 按下低压 401 断路器“分闸按钮”，检查确认 401 开关处于分位状态；
⑤ 按下低压 402 断路器“合闸按钮”，检查确认 402 开关处于合位状态。

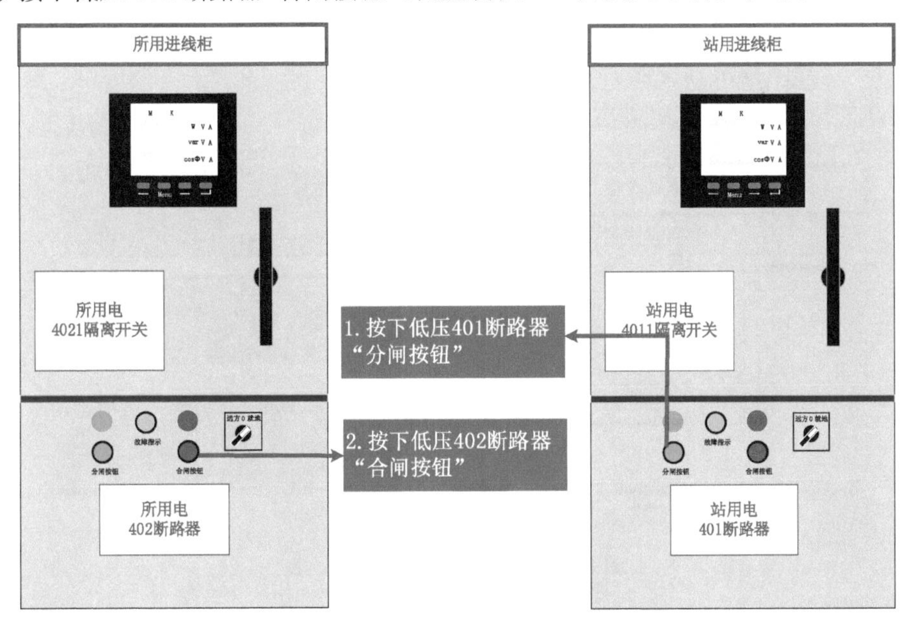

图 5-23 确定两个断路器的状态图

⑥ 将站变 119 开关“就地/远方”转换开关调至“就地”位置；
⑦ 按下“分闸按钮”，通过开关柜状态综合指示仪检查 119 断路器应显示分闸状态；
⑧ 将黑色摇把插入断路器室柜门下方圆孔内，逆时针旋转将手车摇至“试验”位置。

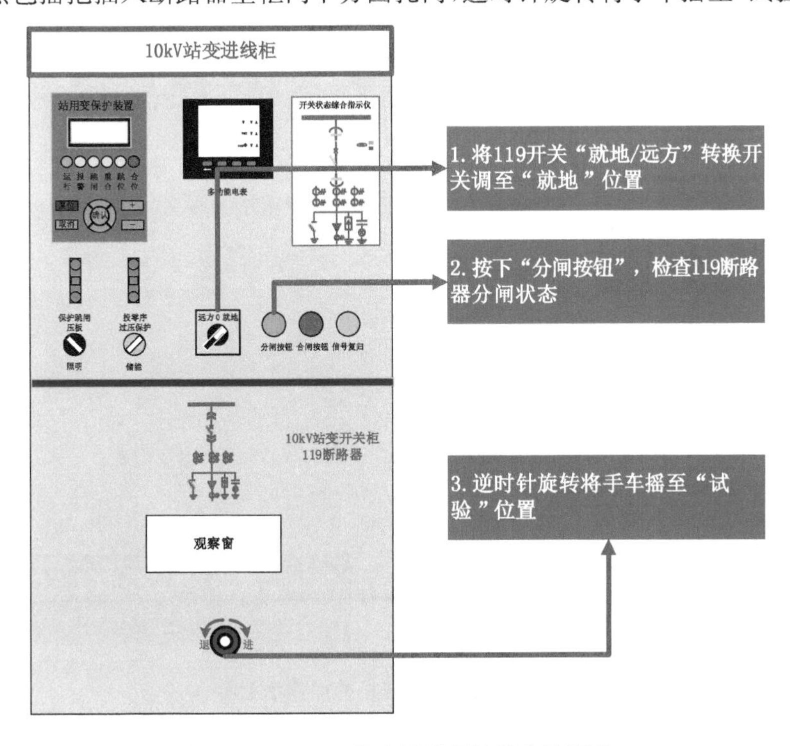

图 5-24 10 kV 站变进线柜的操作流程图

(2) 10 kV 母线停电操作

① 联络隔离开关柜切出操作

(a) 将“现地/远控”转换开关调至“现地”位置;

(b) 按下“分闸按钮”,检查 1101 隔离刀闸分闸状态;

(c) 开关柜综合指示仪应显示分闸位置。

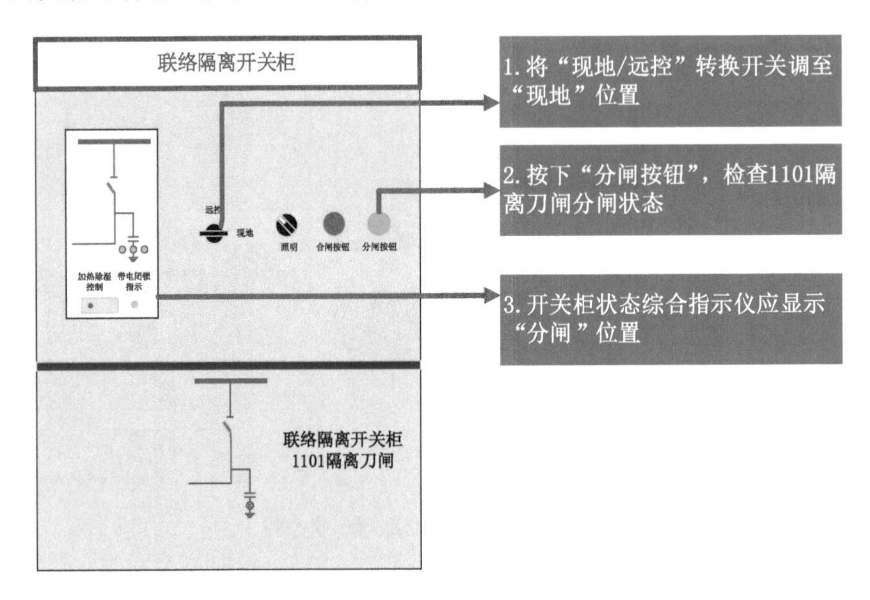

图 5-25 为联络隔离开关柜的现地操作示意图

② 10 kV 电压互感器切出操作(如图 5-26 所示)

将黑色摇把插入互感器室柜门下方圆孔内,逆时针旋转将手车摇至“试验”位置(如图 5-26 所示)。

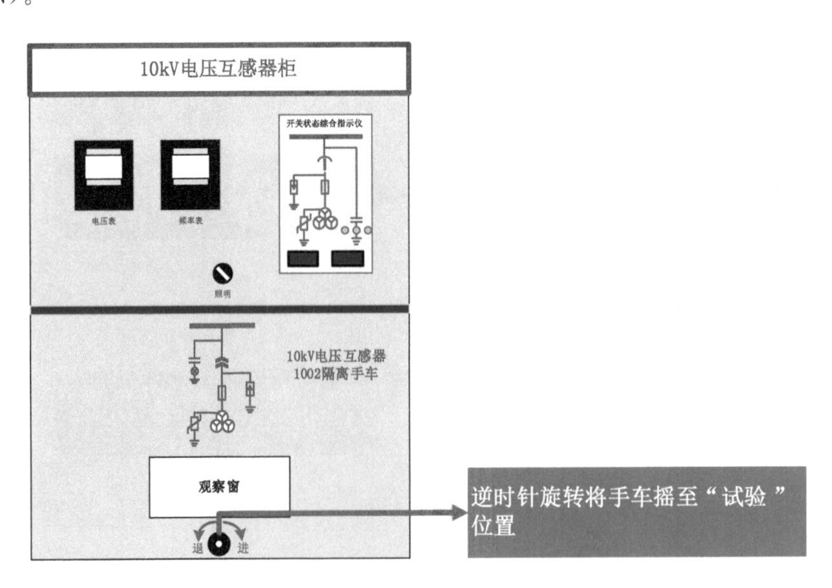

图 5-26 10 kV 互感柜的操作示意图

③ 10 kV 进线开关切出操作(如图 5-27 所示)

(a) 将“就地/远方”转换开关调至“就地”位置;

(b) 按下“分闸按钮”,开关柜状态综合指示仪应显示“分闸”状态;

(c) 将黑色摇把插入断路器室柜门下方圆孔内,逆时针旋转将手车摇至“试验”位置。

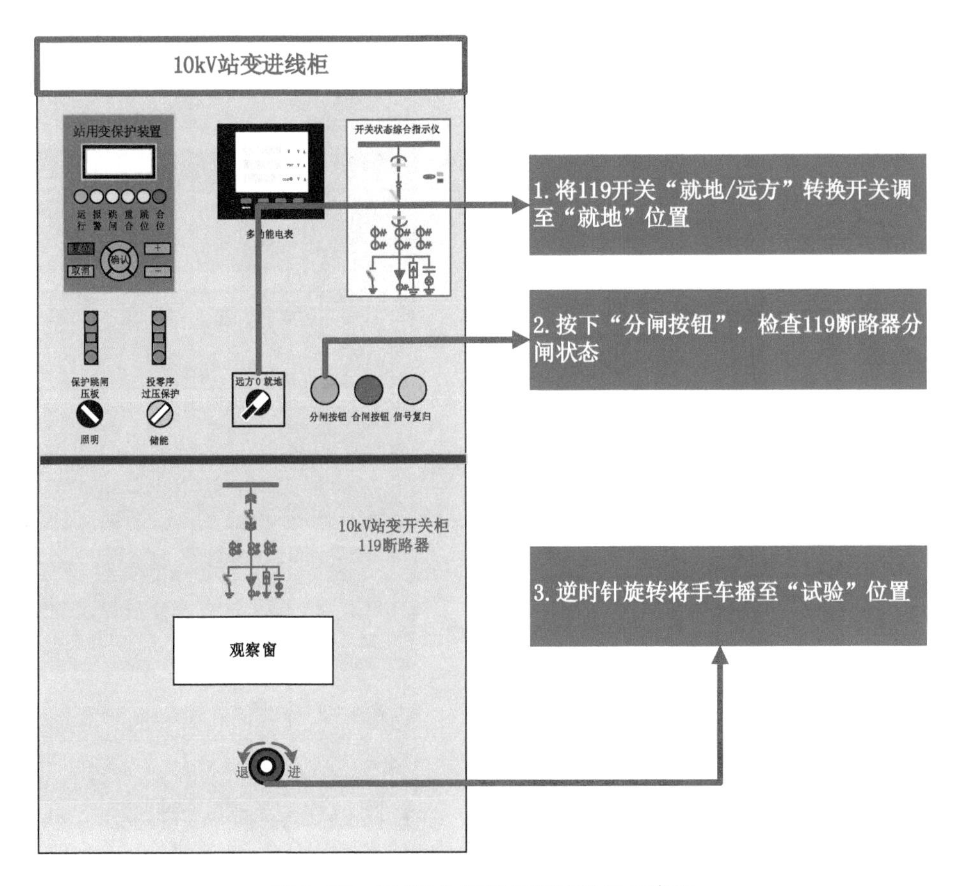

图 5-27　10 kV 站变进线柜的操作示意图

5.2.3　主变切出操作

主变切出操作如图 5-28 所示:

① 将断路器转换开关 HK1 和隔离接地转换开关 HK2 调至“就地”位置;

② 检查联锁解除开关 JSK 在“联锁”位置;

③ 合上 110 kV 主变中性点 7010 接地开关;

④ 拉开主变 110 kV 进线 701 开关,检查指示灯应由红色变为绿色,现场开关为“分”位置;

⑤ 拉开主变 110 kV 进线侧 7013 刀闸,检查指示灯应由红色变为绿色,现场开关为“分”位置;

⑥ 拉开 110 kV 进线侧 7011 刀闸,检查指示灯应由红色变为绿色,现场开关为“分”位置;

⑦ 拉开 110 kV 母线 7001 刀闸,检查指示灯应由红色变为绿色,现场开关为“分”位置;

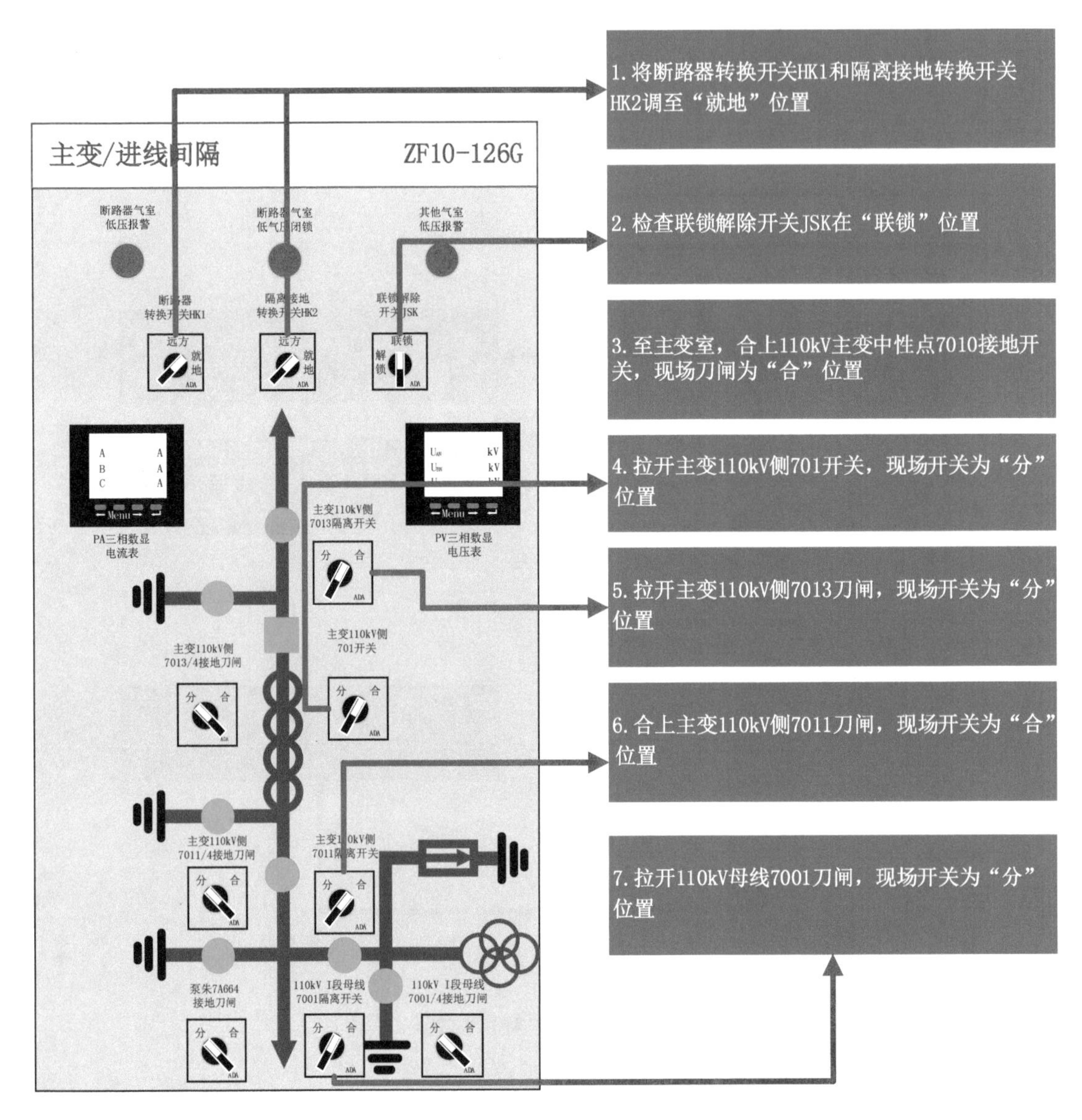

图 5-28　为主变/进线间隔操作示意图

注：主变退出后，拉开 110 kV 主变中性点 7010 接地刀闸，检查现场刀闸为“分”位置。

6　主机开、停机操作

6.1　主机开机操作

6.1.1　主机开机前检查和准备工作

(1) 检查确认上、下游水位能满足机组正常运行(如图 6-1 所示)；

(2) 检查进水池、出水池及堤防等有无影响安全运行的因素(如图 6-1 所示)；

图 6-1　主机开机前的准备工作图

(3) 检查确认进水闸、挡洪闸闸门处于开启状态(如图 6-2 所示);

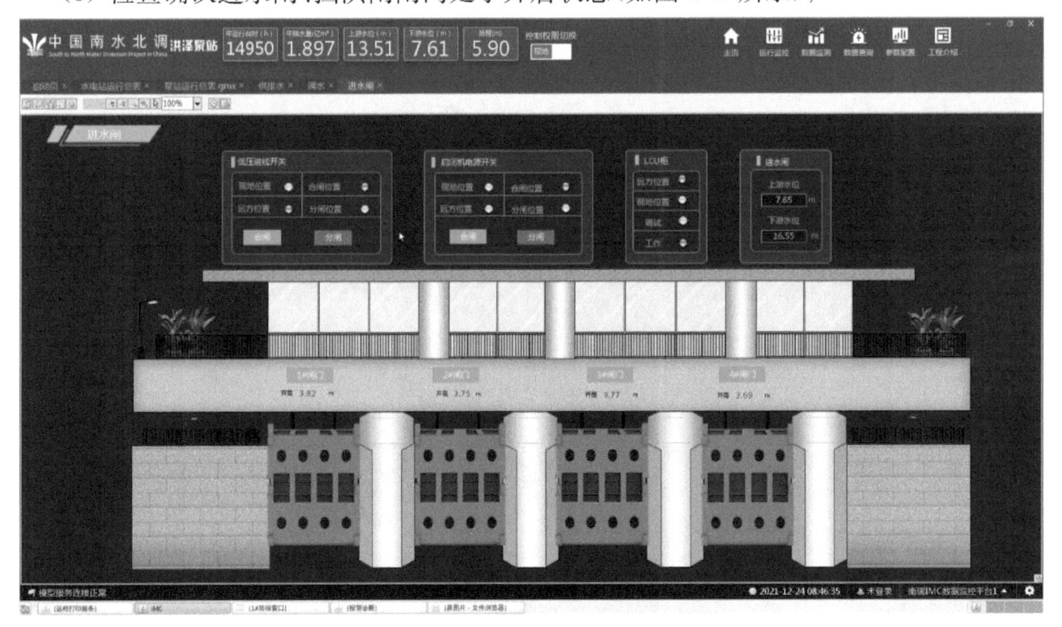

图 6-2　进水闸和挡洪闸开启和开关柜的信号系统图

(4) 检查开关柜操作、表计、保护及信号系统;

(5) 检查确认外接电源及临时设备已拆除,开关柜内母线上无杂物及短接点;

(6) 检查开关柜内继电器和仪表外观与接线是否完好;

(7) 检查一、二次线路各熔断器是否完好,接触应良好;

(8) 检查所有开关位置是否正确,表计显示是否正常,指示灯是否完好;

(9) 检查保护装置工作是否正常,保护压板是否连接完好,检查确认保护压板在抽水工况;

(10) 检测主电机绝缘:用 2 500 V 兆欧表测量定子线圈对地绝缘时,阻值不应小于 10 MΩ,且吸收比不低于 1.3,用 500 V 兆欧表测量转子绕组对地绝缘时,阻值不应小于 0.5 MΩ。

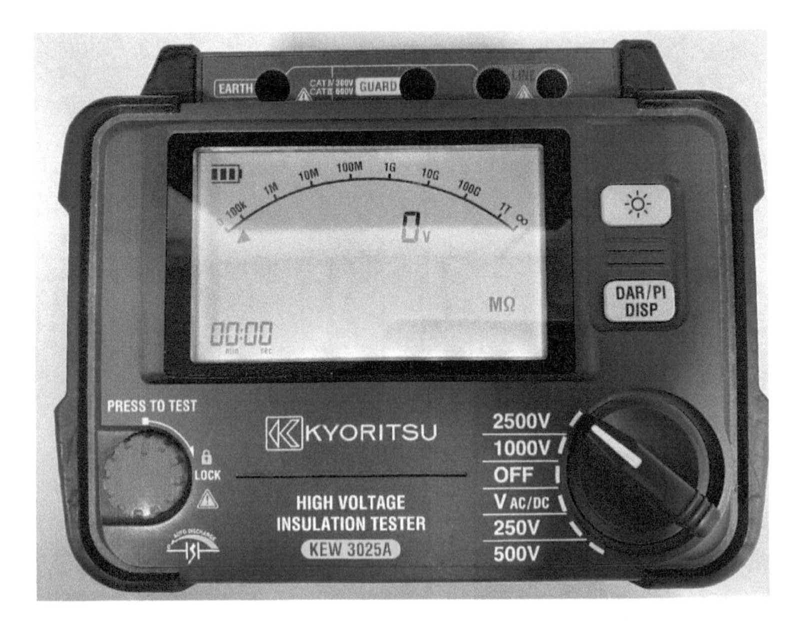

图 6-3　测量电阻值的工具

(11) 检查确认技术供排水系统均正常；

(12) 检查确认水泵叶片调节装置无故障,并开启将叶片角度调整－8°(如图 6-4 所示)；

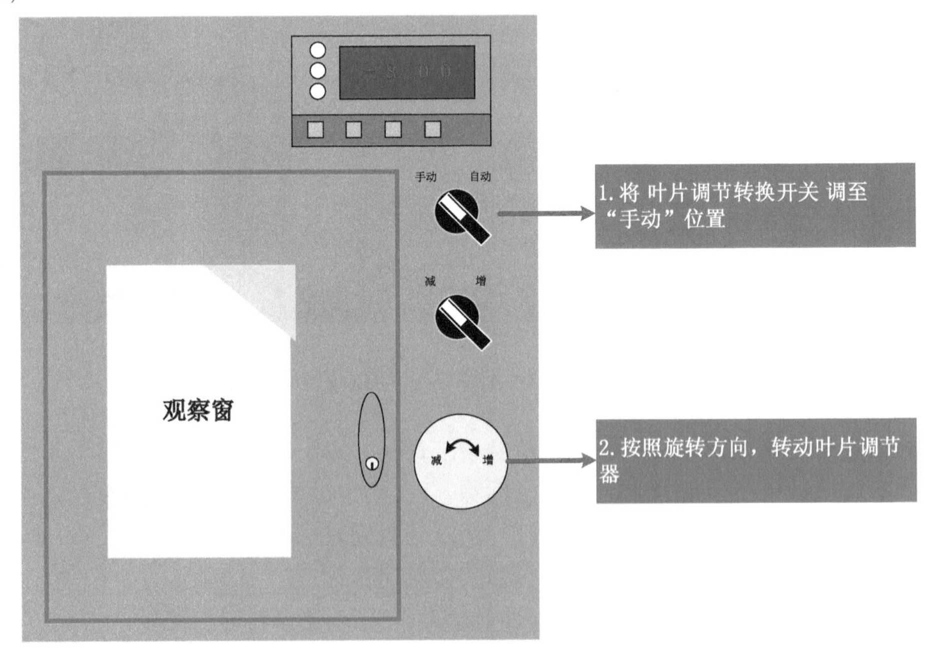

图 6-4　观察供排水的操作示意图

(13) 检查确认真空破坏阀动作可靠,并处于打开位置(如图 6-5 所示)；

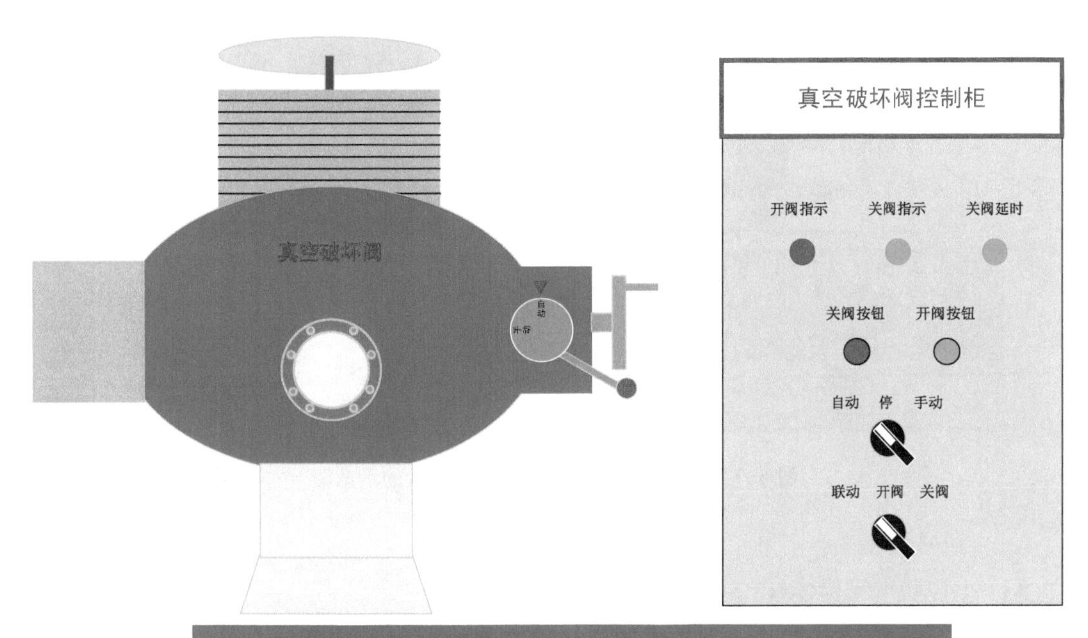

图 6-5 真空破坏阀的操作示意图

(14) 励磁装置调试应正常，励磁工况处于工作位置（如图 6-6 所示）；

(15) 检查电机上、下油缸油位、叶调系统管路、冷却水管路及闸阀状态应符合运行要求，应无渗漏水、油现象（如图 6-6 所示）；

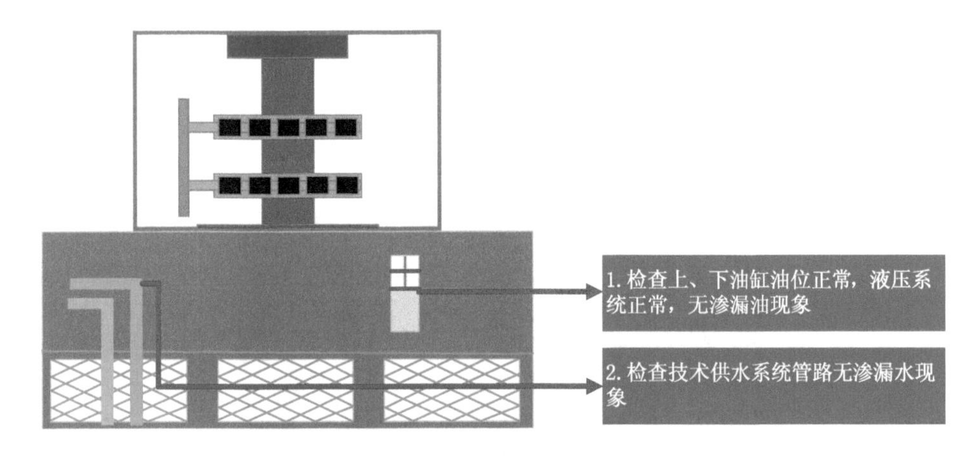

图 6-6 检查励磁装置调试的示意图

(16) 检查电机滑环与碳刷的完整性，碳刷弹力适中，滑环与碳刷配合面是否接触良好（如图 6-7 所示）；

(17) 检查机组各部件连接螺栓、销钉、垫片、键等是否齐全、紧固；

(18) 检查水泵填料压环松紧度；

(19) 检查确认顶转子装置已处于松开状态。

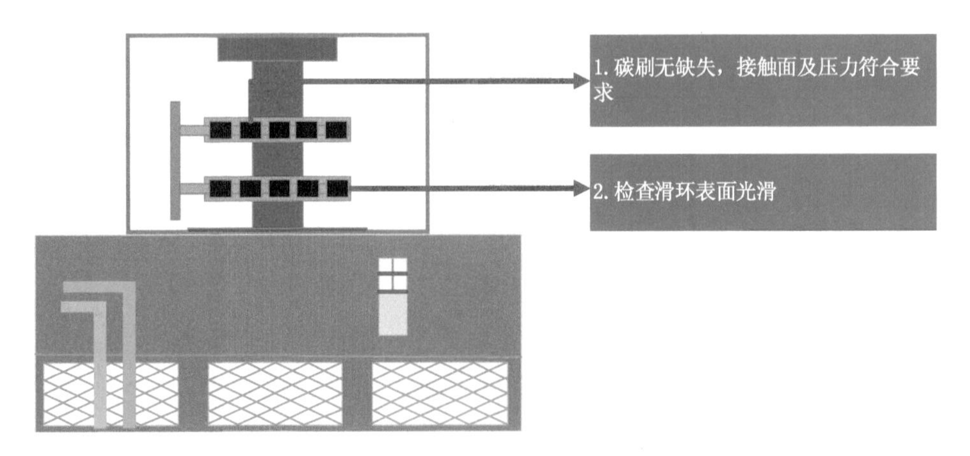

图 6-7　检查电机滑环与碳刷的完整性的示意图

6.1.2　主机开机操作

（1）上位机一键操作(以 3＃机为例)

① 单击“113”开关，进入“3＃主机调水开机流程”画面，如图 6-8 所示；

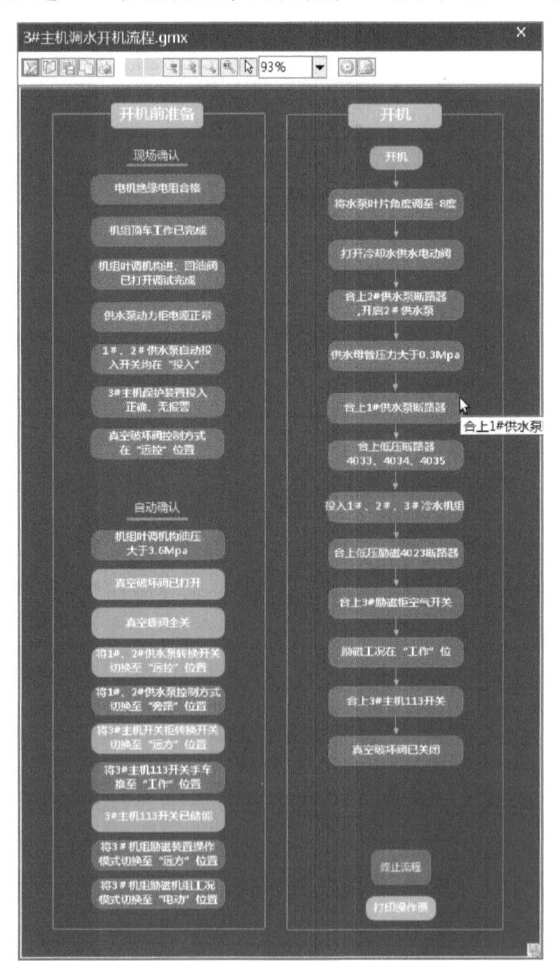

图 6-8　洪泽站 3 号主机开机操作票图

② 在“开机前准备”的“现场确认”项中有 7 个红色方框，内容(信号)与现场一一核对，依次点击确认，直到全部变为绿色；

③ 在“开机前准备”的“自动确认”项中有 10 个方框，内容(信号)由上位机自行采集判断，应全为绿色；

④ 在“开机”中，点击“开机”按钮，开始执行“3♯主机调水开机”操作，方框由上至下依次变为绿色(注:点击下方“终止流程”按钮，可随时中断操作)；

⑤ 点击“打印操作票”按钮，打印出操作票，操作票画面(如图 6-9 所示)。

洪泽站3#主机调水开机操作票

年 第 号

序号	操作内容	状态	序号	操作内容	状态	序号	操作内容	状态	时间
1	电机绝缘电阻合格	已确认	1	机组叶调机构油压大于3.6Mpa	已确认	1	将水泵叶片角度调至-8度	已调至	
2	机组顶车工作已完成	已确认	2	真空破坏阀已打开真空蝶阀全关	已确认	2	打开冷却水供水电动阀	已打开	
3	机组叶调机构进、回油阀已打开调试完成	已确认	3	将[illegible]切[illegible]位置	已确认	3	合上2#供水泵断路器	已合闸	
4	真空破坏阀控制方式在“远控”位置	已确认	4	将1#、2#供水泵控制方式切换至“旁路”位置	已确认	4	开启2#供水泵供水母管压力大于0.3Mpa	已确认	
5	供水泵动力柜电源正常	已确认	5	将3#主机开关柜转换开关换至“远方”位置	已确认	5	合上1#供水泵断路器	已合闸	
6	将1#、2#供水泵转换开关切换至“投入”位置	已确认	6	将3#主机113开关手车推至“工作”位置	已确认	6	合上低压励磁4023断路器	已合闸	
7	3#主机保护装置投入正确、无报警	已确认	7	3#主机113开关已储能	已确认	7	合上3#励磁柜空气开关	已合闸	
			8	将3#机组励磁装置操作模式切换至“远方”位置	已确认	8	励磁工况在“工作”位	工作位	
			9	将3#机组励磁机组工况模式切换至“发电”位置	已确认		合上3#主机113开关	已合闸	2021-12-24,08:51:22
						10	真空破坏阀已关闭	已关闭	

发令人：　　　　监护人：　　　　受令时间：

受令人：　　　　操作人：　　　　完成时间：

图 6-9　3♯主机调水开机操作票

(2) 现地操作

① 供水泵启动(如图 6-10 和图 6-11 所示)

(a) 至 0.4 kV 开关室 D3 馈线柜，合上供水泵动力柜进线开关，至副厂房检查供水泵动力柜，总开分闸指示显示应正常；

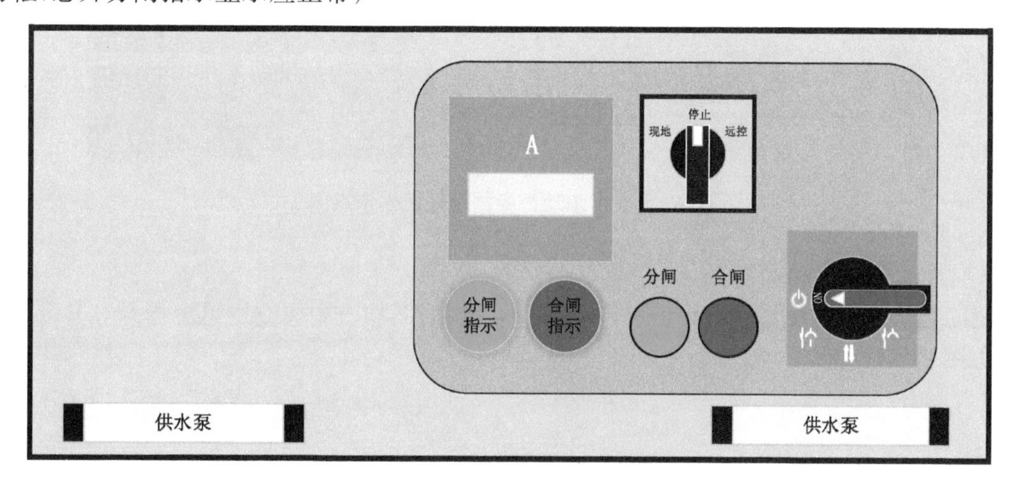

图 6-10　启动供水泵的现地操作示意图

(b) 将总开关“现地/远控”调至“现地”位置;

(c) 按下“总开合闸按钮”,总开合闸指示显示应正常,检查电压表、电流表读数正常(电压表数值约为 220 V,电流表数值为 0 A);

(d) 将 1＃供水泵“就地/远控”调至“现地”位置,1＃供水泵“变频/旁路”切换开关调至“变频”位置;

(e) 将 1＃供水泵手自动调速开关调至“手动”位置,1＃供水泵自动控制开关调至“投入”位置;

(f) 按下“1＃供水泵合闸按钮”,1＃供水泵合闸指示显示应正常;

(g) 按下“1＃供水泵启动按钮”,1＃供水泵变频运行指示显示应正常;

(h) 检查 1＃供水泵启动正常;

(i) 手动调节“1＃供水泵变频调速”旋钮(顺时针——增频,逆时针——减频),同时观察变频器数值(见柜内变频器控制面板),完成供水泵调频。

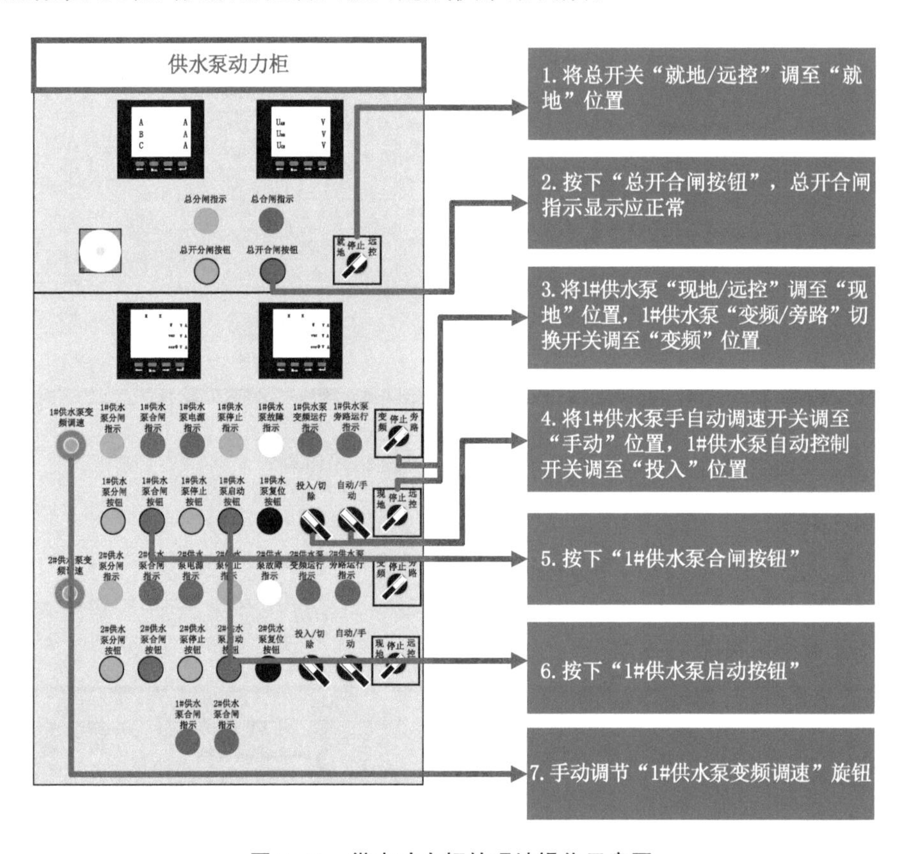

图 6-11　供水动力柜的现地操作示意图

② 冷水机组启动操作

(a) 至 0.4 kV 开关室的 D3 馈线柜,合上合闸按钮,检查中央空调电源指示灯显示应正常(如图 6-12 所示);

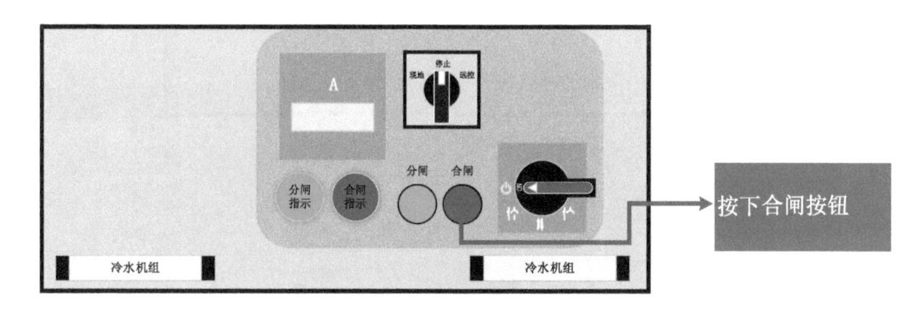

图 6-12　冷水机组的启动示意图

(b) 按下电源开关按钮,电源指示灯显示绿色,查看液晶显示屏温度显示(如图 6-13 所示);

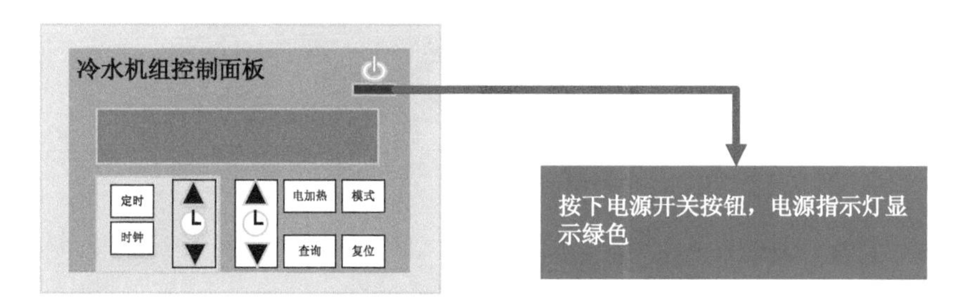

图 6-13　冷水机组控制面板的操作示意图

(c) 调节温度(设定温度与供水泵温度传感器数值相差不大于 3℃)。

③ 油压装置启动

(a) 至 0.4 kV 开关室的 D4 馈线柜,合上合闸按钮,检查 1# 叶调装置控制柜的交流指示灯显示应正常,将冷却进、出水阀打开,泄压阀关闭(如图 6-14 所示);

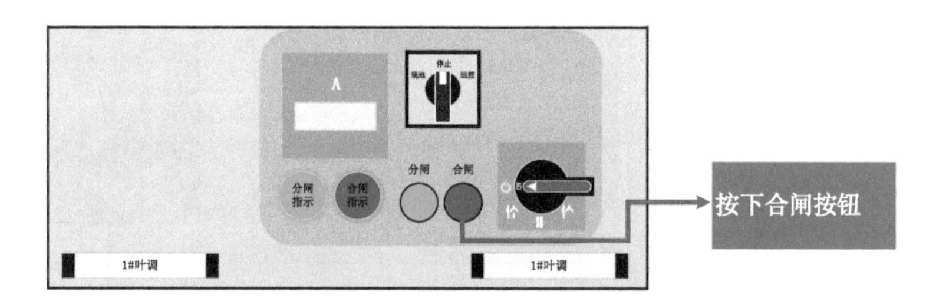

图 6-14　油压装置启动的示意图

(b) 将 1# 油泵转换开关调至"自动 1"位置,2# 油泵转换开关调至"自动 1"位置,冷却泵转换开关调至"自动"位置,1# 油泵运行指示、2# 油泵运行指示、冷却油泵运行指示显示应正常;

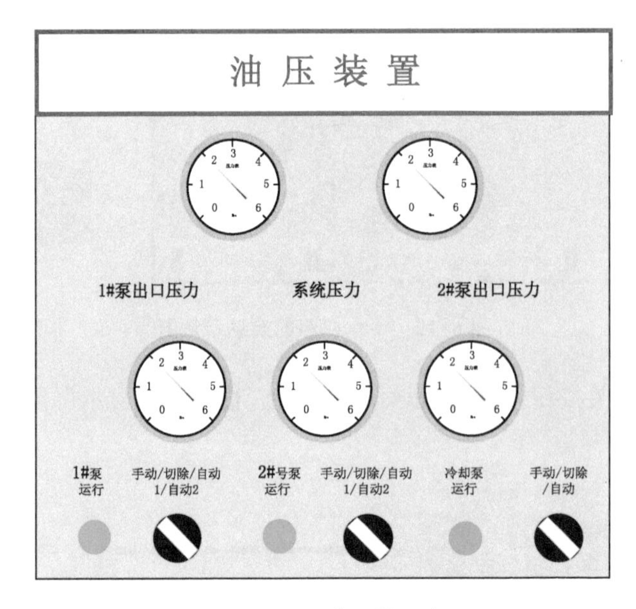

图 6-15 油压装置的示意图

注：工作模式有自动 1 和自动 2 两种模式，自动 1 为电气 PLC 控制，此时冷却油泵也必须调至自动控制位置，自动 2 为电接点压力表控制，冷却油泵无需调至自动控制位置。

④ 励磁调试

(a) 至 0.4 kV 开关室的 D2 馈线柜，合上微机励磁进线开关，检查励磁室的主机微机励磁装置交流电源显示应正常；至控制保护室的直流电源柜，合上励磁屏空气开关，检查励磁室的主机微机励磁装置直流电源显示应正常；检查励磁变压器三相温度应正常(如图 6-16 所示)。

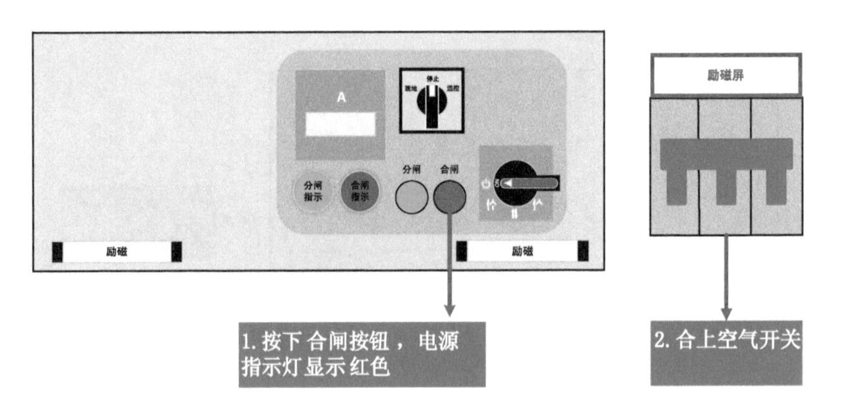

图 6-16 励磁调试装置的示意图

(b) 按下“调试/工作”按钮，将励磁工况调至“调试”状态；按下“手动/自动”按钮，将操作方式调至“手动”状态(如图 6-17 所示)。

(c) 按下“投励/灭磁”，将励磁调试调至“投励”状态；此时观察励磁电流、励磁电压、设定值、测量值数据显示应正常，此时电流约 261 A，电压约 110 V；待数据稳定，按下“投励/灭磁”，将励磁调试调至“灭磁”状态，检查励磁电压是否归零。

(d) 调试结束后,按下"调试/工作"按钮,将励磁工况调至"工作"状态;按下"手动/自动"按钮,将操作方式调至"自动"状态。

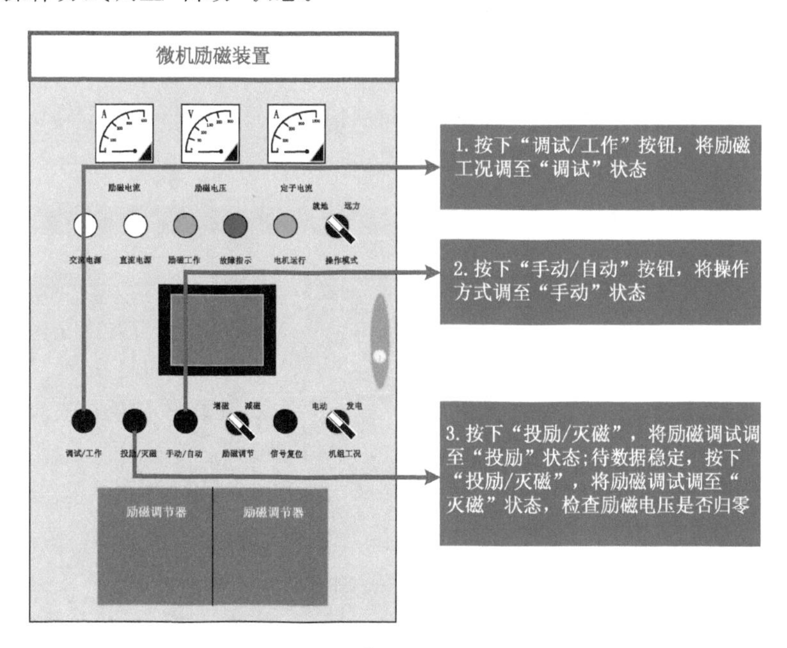

图 6-17　微机励磁装置操作示意图

(e) 此时微机励磁装置具备启动条件。

⑤ 主机高压开关柜操作(如图 6-18 所示)

(a) 将"就地/远方"转换开关调至"就地"位置;

(b) 将黑色摇把插入断路器室柜门下方圆孔内,顺时针旋转将手车摇至"工作"位置;

(c) 按下合闸按钮,开关柜状态综合指示仪应显示"合闸"状态。

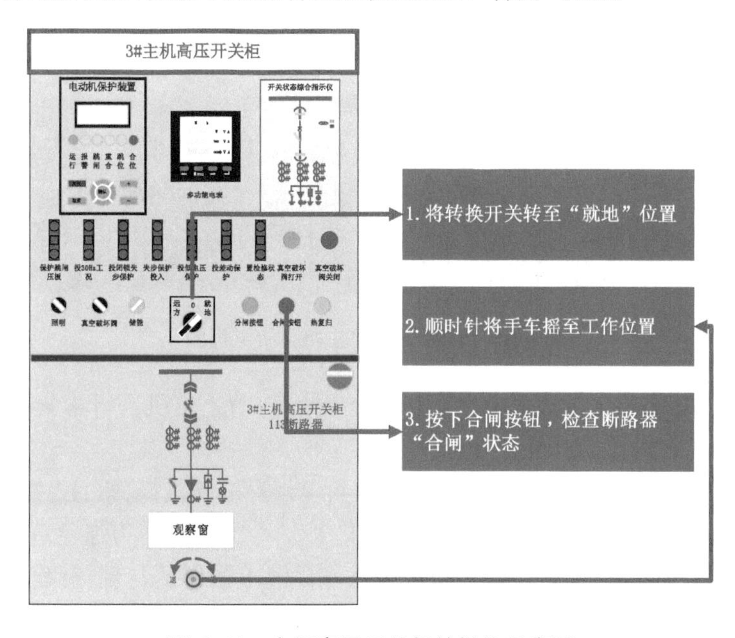

图 6-18　主机高压开关柜的操作示意图

6.2 主机停机操作

6.2.1 上位机一键操作

① 单击 113 开关，进入“3＃主机停机流程”画面，如图 6-19 所示；

② 在“停机前准备”的“现场确认”项中，内容(信号)与现场核对，点击确认“真空破坏阀控制方式在‘远控’位置”，确认后方框变为绿色；

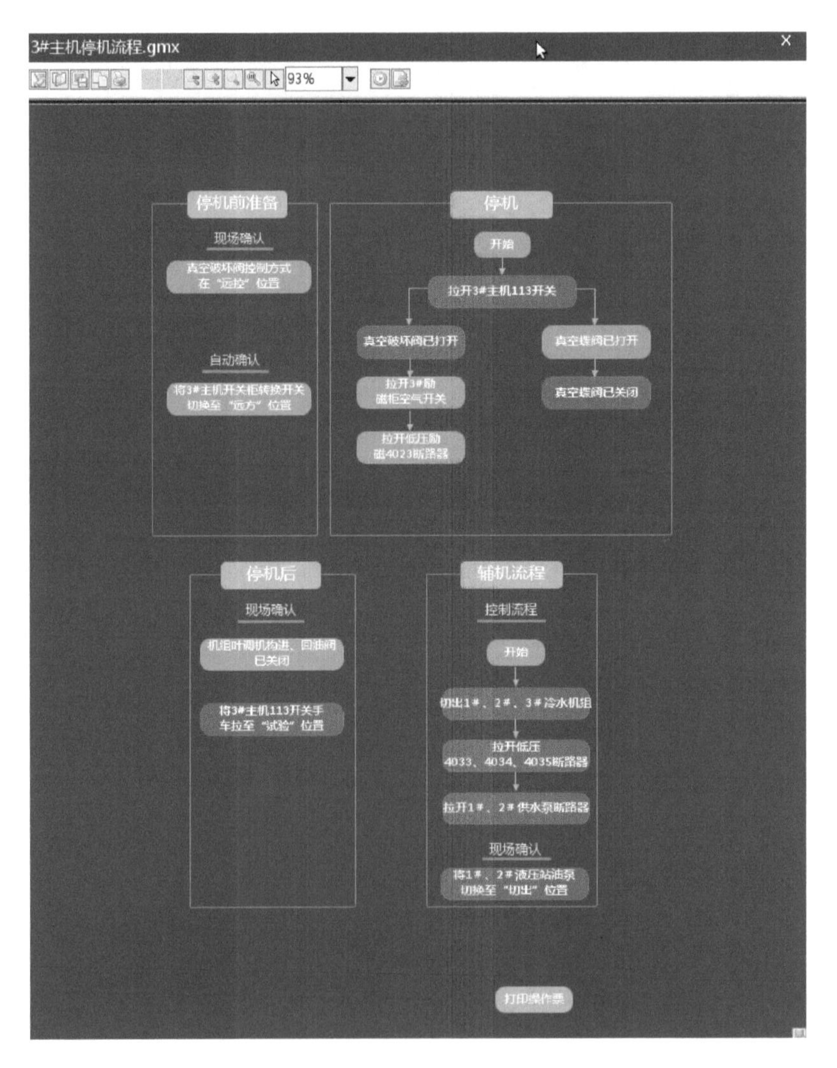

图 6-19 洪泽站 3 号主机停机流程图

③ 在“停机前准备”的“自动确认”项中，内容(信号)由上位机自行采集判断 3＃主机开关柜转换开关在远方位置，应显示绿色；

④ 在“停机”栏中，点击“开始”按钮，开始执行 3＃主机停机操作(注：关注“拉开 3＃主机 113 开关”“真空破坏阀已打开”“真空蝶阀已打开”3 个方框应变为绿色)；

⑤ 在“停机后”栏中，有 2 个红色方框，内容(信号)由操作员与现场确认，点击方框，应变为绿色；

⑥ 在“辅机流程”栏中，有 4 个红色方框，点击“开始”按钮，依次关闭冷水机组、供水泵，操作员与现场确认液压站已切出；

⑦ 点击“打印操作票”按钮，打印出操作票，操作票画面（如图 6-20 所示）。

洪泽站3#主机停机操作票

____年 第____号

序号	操作内容	状态	时间
1	将3#主机开关柜转换开关切换至“远方”位置	已确认	
2	真空破坏阀控制方式在“远控”位置	已确认	
3	拉开3#主机113开关	已分闸	2021-12-22 19:31:36
4	真空破坏阀已打开	已确认	
5	真空蝶阀已打开	已确认	
6	真空蝶阀已关闭	已确认	
7	拉开3#励磁柜空气开关	已确认	
8	拉开低压励磁4023断路器	已分闸	
9	将3#主机113开关手车拉至“试验”位置	已确认	
10	机组叶调机构进油阀已关闭	已确认	

发令人：________ 受令时间：________ 监护人：________

受令人：________ 完成时间：________ 操作人：Nari2008

图 6-20　主机停机操作票

6.2.2　现地操作

（1）主机高压开关柜操作（如图 6-21 所示）

① 将“就地/远方”转换开关调至“就地”位置；

② 按下分闸按钮，开关柜状态综合指示仪应显示“分闸”状态；

③ 将黑色摇把插入断路器室柜门下方圆孔内，逆时针旋转将手车摇至“试验”位置。

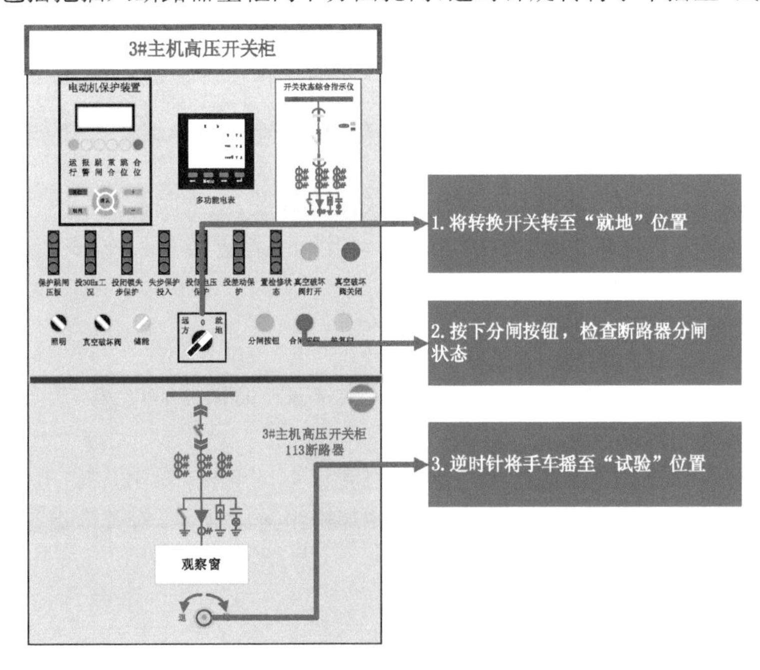

图 6-21　主机高压开关柜现地操作的示意图

(2)真空破坏阀

检查真空破坏阀在打开状态。

(3)励磁退出

① 检查励磁系统数据。

② 触碰显示操作屏,检查数据应正常(励磁工况:工作;操作模式:就地;控制方式:自动;电机状态:合闸;空开状态:合闸);单击“更多”→“分空气开关”→“确认”,单击“确认”前再次检查各工况数据应正常。

③ 至0.4 kV开关室的D2馈线柜,拉开微机励磁进线开关,检查励磁室主机微机励磁装置的交流电源显示应正常;检查励磁变压器三相温度应正常;至控制保护室的直流电源柜,拉开励磁屏空气开关,检查励磁室主机微机励磁装置的直流电源显示应正常。

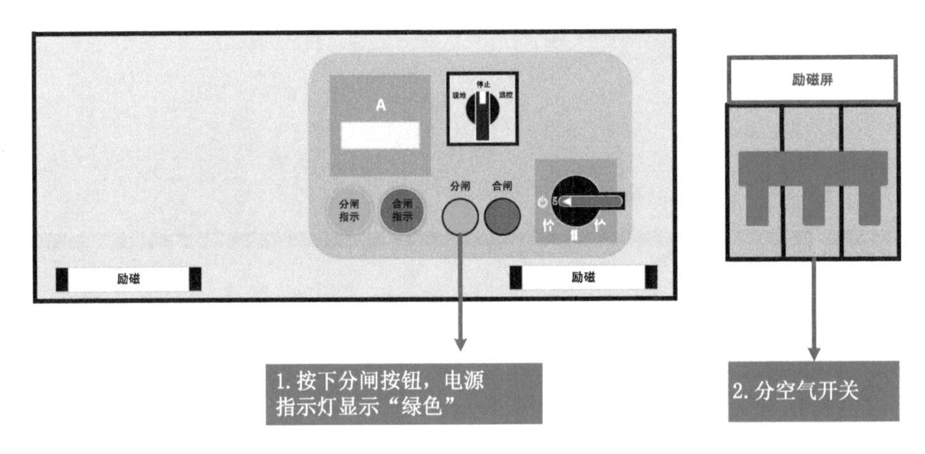

图6-22 退出励磁系统的操作示意图

④ 微机励磁装置停止应正常,检查现场情况。

(4)油压装置停止

① 将1#油泵转换开关调至“切除”位置,2#油泵转换开关调至“切除”位置,冷却泵转换开关调至“切除”位置,1#油泵运行指示、2#油泵运行指示、冷却油泵运行指示显示应正常;

② 检查油泵停止正常,缓慢打开泄压阀,关闭冷却进、出水阀;

③ 至0.4 kV开关室的D4馈线柜,拉开1#叶调装置进线开关,检查1#叶调装置控制柜的交流指示灯应无显示。

注:① 换向阀仅可在油泵不动作时换向;

② 定向阀在机组运行时,保持打开状态,在检修时可关闭;

③ 高压泄压阀在运行时,保持常闭状态,在停止运行后,将高压泄压阀旋转方向泄压。

(5)冷水机组停机操作

① 按下电源开关按钮,电源指示灯显示“红色”(如图6-23所示);

② 至0.4 kV开关室的D3馈线柜,拉开冷却机组进线开关,检查中央空调电源指示灯应无显示。

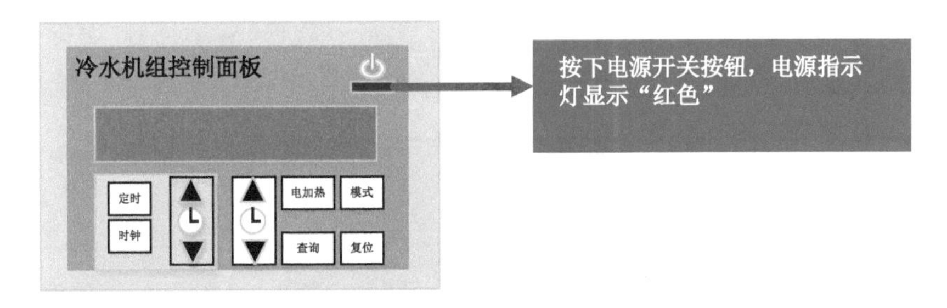

图 6-23　冷水机组控制面板操作示意图

(6) 供水系统停止(如图 6-24 和图 6-25 所示)

① 按下“1＃供水泵停止按钮”,1＃供水泵变频停止指示显示应正常；

② 按下“1＃供水泵分闸按钮”,1＃供水泵分闸指示显示应正常；

③ 将总开关“现地/远控”调至“现地”位置；

④ 按下总开分闸按钮,总开分闸指示显示应正常,检查电压表、电流表读数正常(电压表数值约为 0 V,电流表数值为 0 A)；

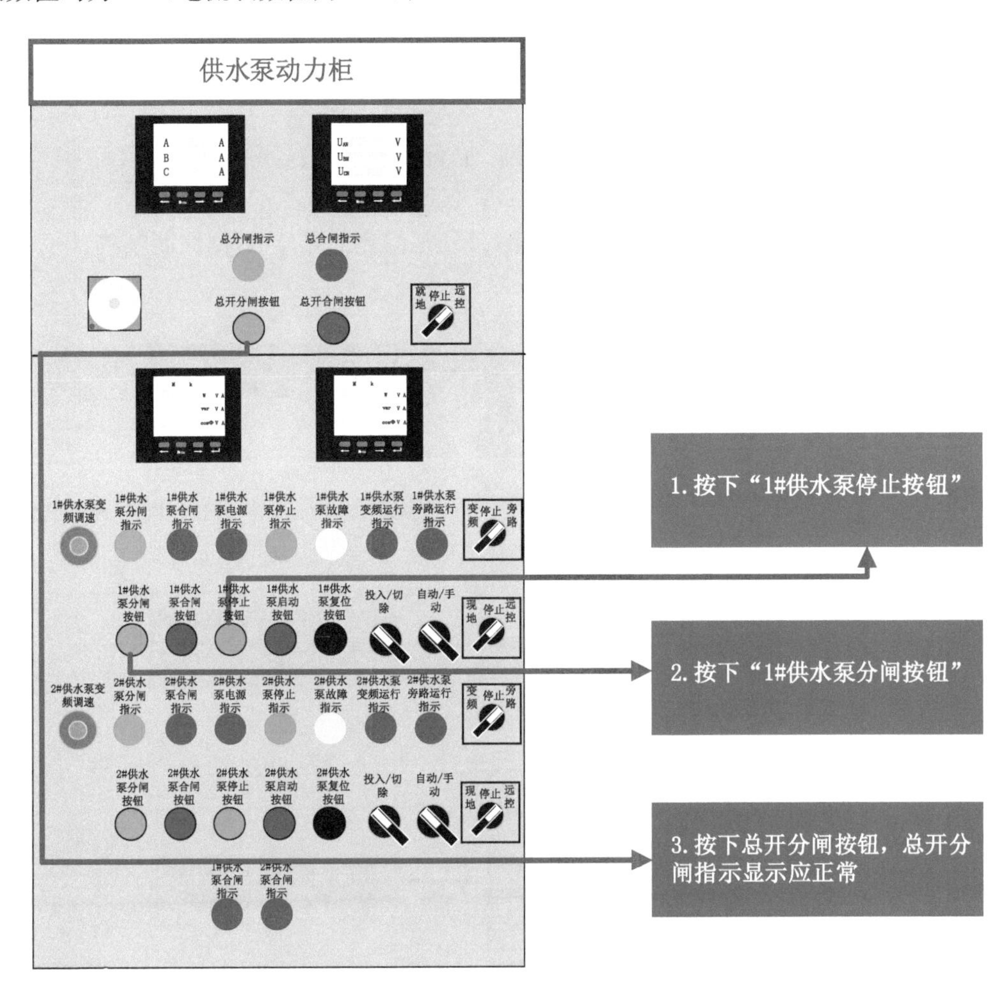

图 6-24　供水泵动力柜的操作流程示意图

⑤ 至 0.4 kV 开关室的 D3 馈线柜，合上供水泵动力柜进线开关，副厂房供水泵动力柜的总开分闸指示显示应正常。

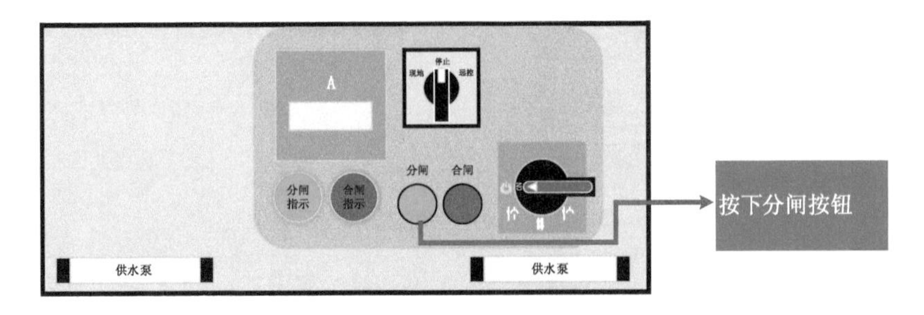

图 6-25 供水泵的操作图

7 设备单体操作

7.1 10 kV 设备

7.1.1 10 kV 进线开关柜

· 至 0.4 kV 开关室的 D4 馈线柜，合上泵站直流进线开关（如图 7-1 所示）；

· 至控制保护室的直流电源柜，合上 10 kV 高压柜控制电源空气开关；

· 至 10 kV 高压室的 10 kV 进线开关柜，打开柜门合上操作电源、储能电源、100 V 母线电压开关。

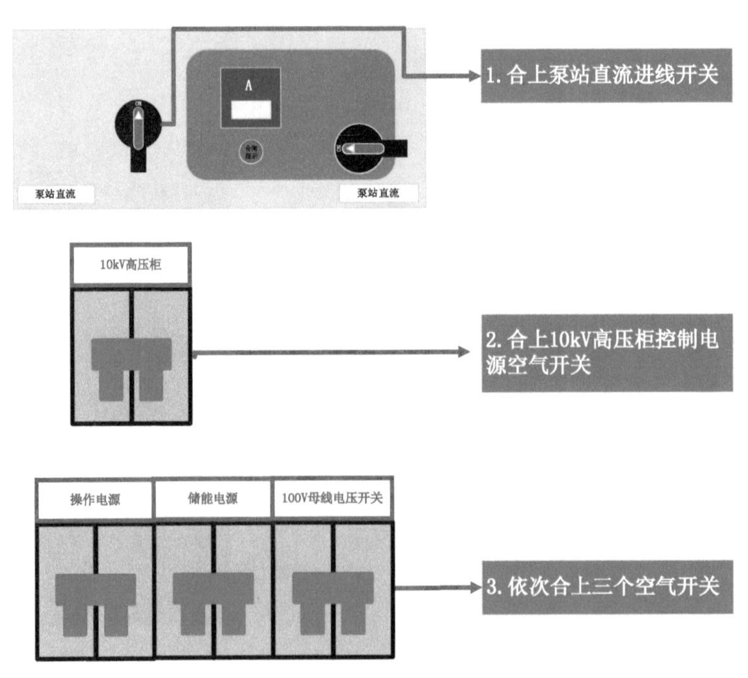

图 7-1 10 kV 进线开关柜的操作流程图

(1) 照明操作(如图 7-2 所示)

① 端子室照明:将照明转换开关调至“开”,端子室照明灯亮,将照明转换开关调至“关”,端子室照明灯灭;

② 柜后照明:“1”为灯亮,“0”为灯灭。

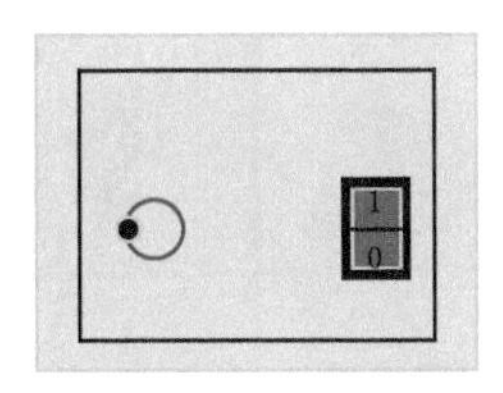

图 7-2 照明操作示意图

(2) 风机操作

① 将风机转换开关调至“开”,柜内风机启动;

② 将风机转换开关调至“关”,柜内风机关闭。

(3) 断路器室柜门操作(开门操作,如图 7-3 所示)

① 按下把手上按钮,把手弹出;

② 将把手提至水平位置,打开柜门;

③ 把手复位。

注:关门操作参照开门操作。

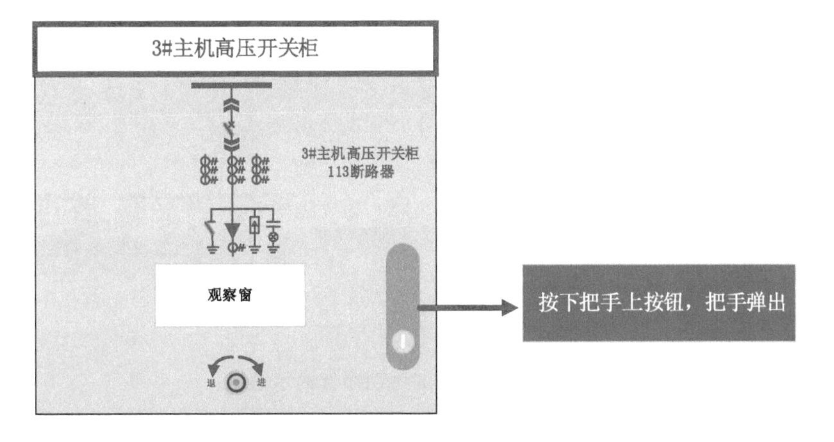

图 7-3 断路器室柜门操作示意图

(4) 储能操作(电控操作,如图 7-4 所示)

① 将储能转换开关调至“开”位置;

② 约 5 s 后,储能指示灯显示红色,将储能转换开关调至“关”位置(一次储能可以进行一次分合闸操作)。

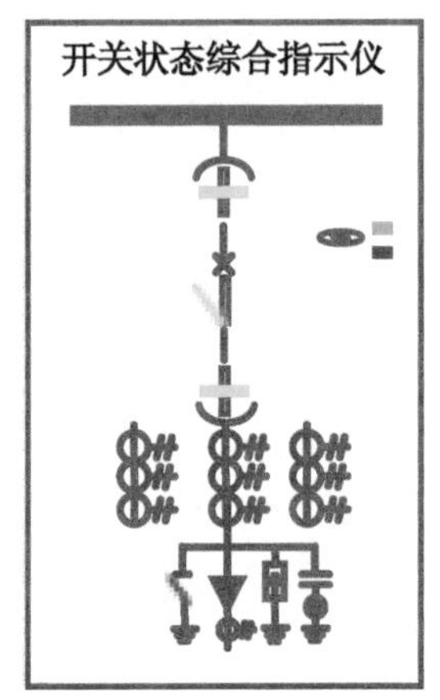

图 7-4 储能操作电控操作的示意图

(5) 储能操作(手动操作,如图 7-5 所示)

① 将储能转换开关调至“关”,打开断路器室柜门;

② 储能专用工具(T 形把手)插入储能孔(在手车按钮右下方);

③ 顺时针旋转约 25 圈,储能指示灯显示红色;

④ 回工具,关闭柜门。

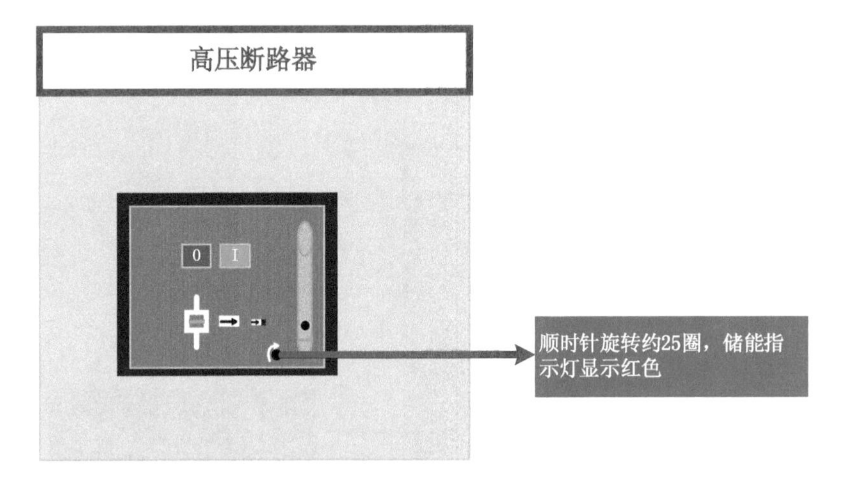

图 7-5 储能操作的手动操作的示意图

(6) 手车操作(如图 7-6 所示)

将黑色摇把插入断路器室柜门下方圆孔内,顺时针旋转将手车摇至“工作”位置,逆时针旋转将手车摇至“试验”位置。

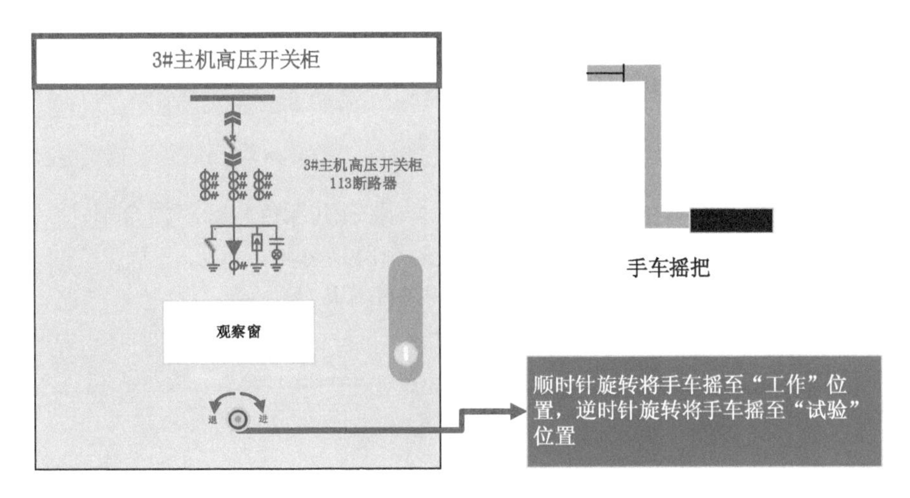

图 7-6　手车操作的示意图

(7) 合闸操作(现地操作)

① 将“现地/远控”转换开关调至“现地”位置;

② 将开关手车摇至“工作”位置(试验或检修时,手车在“试验”位置合闸);

③ 按下“合闸按钮”,开关柜状态综合指示仪应显示“合闸”状态,如图 7-7 所示。

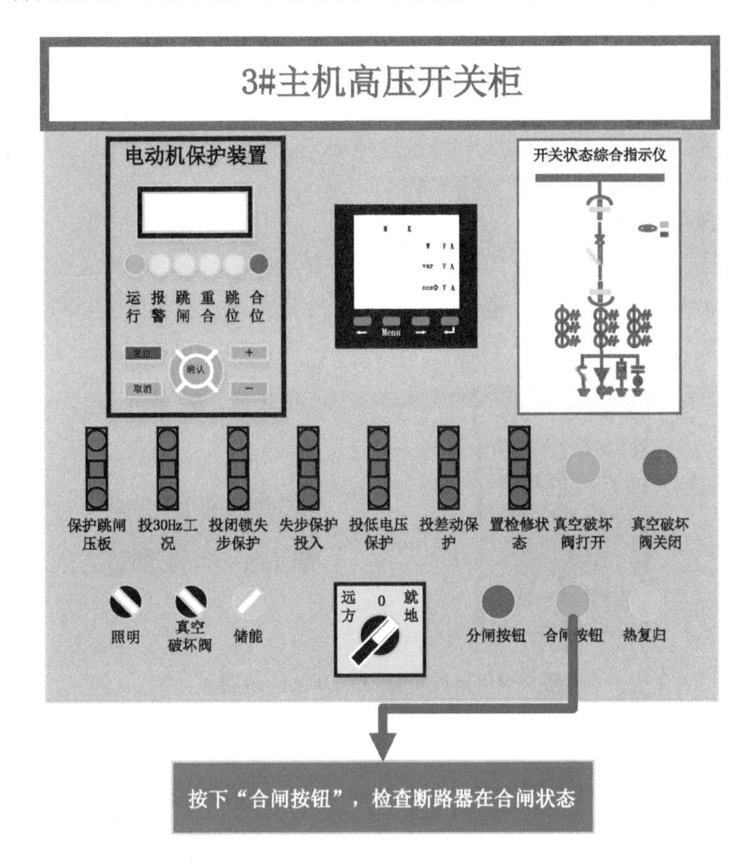

图 7-7　检查断路器在合闸时的操作示意图

(8) 合闸操作(远控操作)

① 将"现地/远控"转换开关调至"远控"位置;

② 具体在中央控制室上位机按操作票操作。

(9) 断路器本体操作

① 打开断路器室柜门,在储能状态下,按下合闸按钮(绿色),断路器合闸;

② 打开断路器室柜门,按下分闸按钮(红色),断路器分闸。

注:进线开关运行时,遇紧急情况,应立即敲碎断路器室柜门玻璃,按下"分闸"按钮。

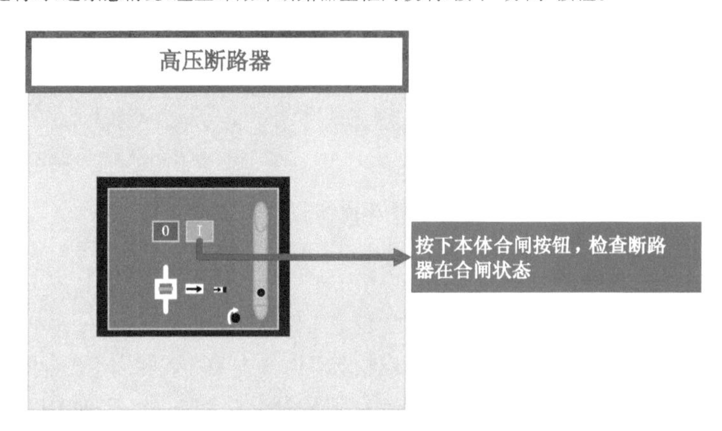

图 7-8　断路器本体的操作示意图

(10) 信号复归

继电保护报警或动作,查明原因并解除故障后,按下信号复归按钮,消除报警信号。

注:水轮发电机组高压进线开关柜(G18)的操作参照该柜。

7.1.2　10 kV 电压互感器柜

(1) 照明操作、手车操作参照 10 kV 进线开关柜。

(2) 送控制母线电压操作:合上柜内母线电压空气开关,送控制母线电压,如图 7-9 所示。

注:10 kV 电压互感器柜(G2、G5、G12、G17)操作参照该柜。

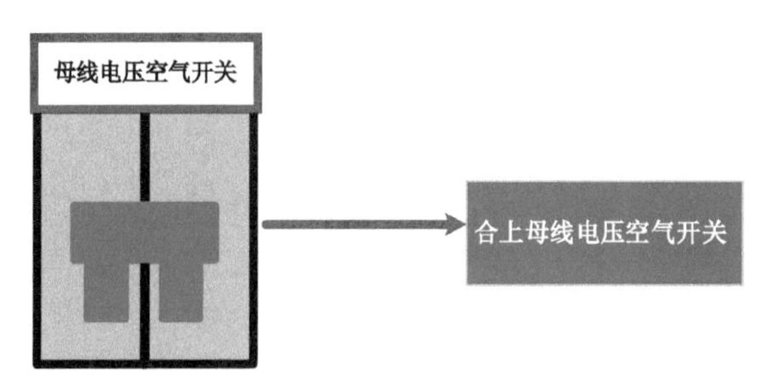

图 7-9　母线电压空气开关的示意图

7.1.3　10 kV 站变开关柜

· 至 0.4 kV 开关室的 D4 馈线柜,合上泵站直流进线开关;

· 至控制保护室的直流电源柜,合上 10 kV 高压柜控制电源空气开关;

· 至 10 kV 高压室的 10 kV 站变开关柜,打开柜门合上操作电源、储能电源、100 V 母线电压开关。

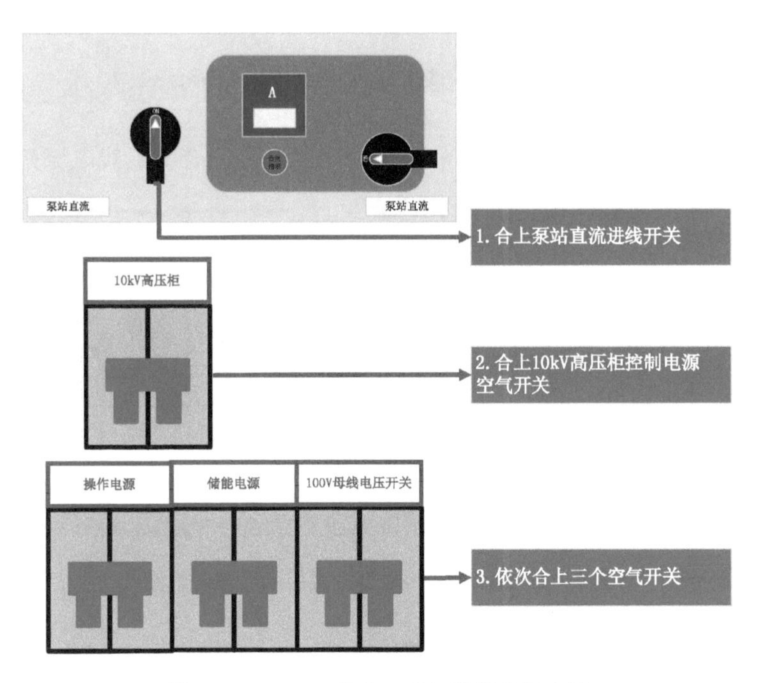

图 7-10　10 kV 站变开关柜的操作示意图

(1) 照明操作、断路器室柜门、储能操作、合闸操作、分闸操作、手车操作、断路器本体操作、信号复归参照 10 kV 进线开关柜。

(2) 接地刀闸操作:按下接地刀闸操作杆插孔的挡块,将操作杆插入,顺时针转动合上接地刀闸,逆时针转动拉开接地刀闸(如图 7-11 所示),开关柜状态综合指示仪应显示接地刀闸分合状态,并查看柜后接地刀闸分合状态。

注:带电禁止合接地刀闸;接地刀闸合闸状态时禁止合断路器。

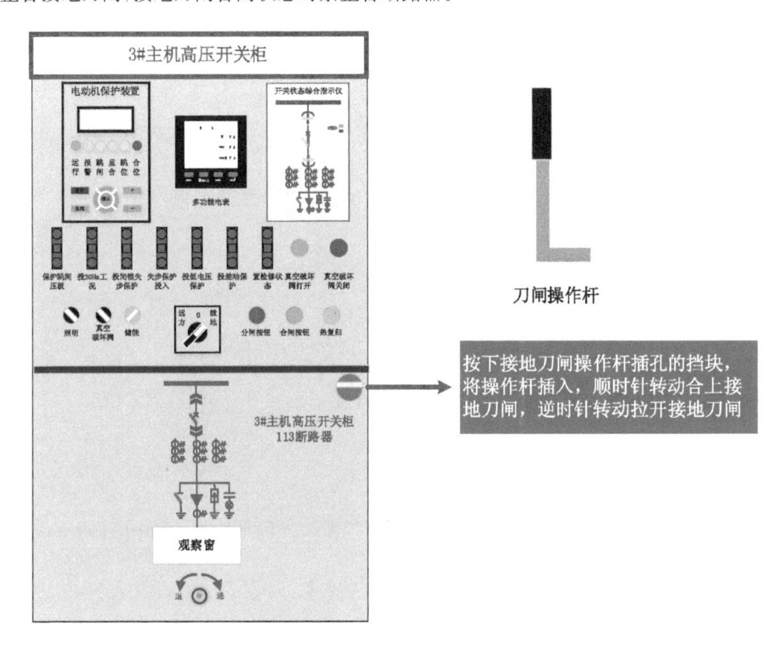

图 7-11　接地刀闸操作示意图

7.1.4 10 kV 联络隔离开关柜(如图 7-12 所示)

- 至 0.4 kV 开关室的 D4 馈线柜,合上泵站直流进线开关;
- 至控制保护室的直流电源柜,合上 10 kV 高压柜控制电源空气开关;
- 至 10 kV 高压室的 10 kV 联络隔离开关柜,打开柜门合上母线电压开关。

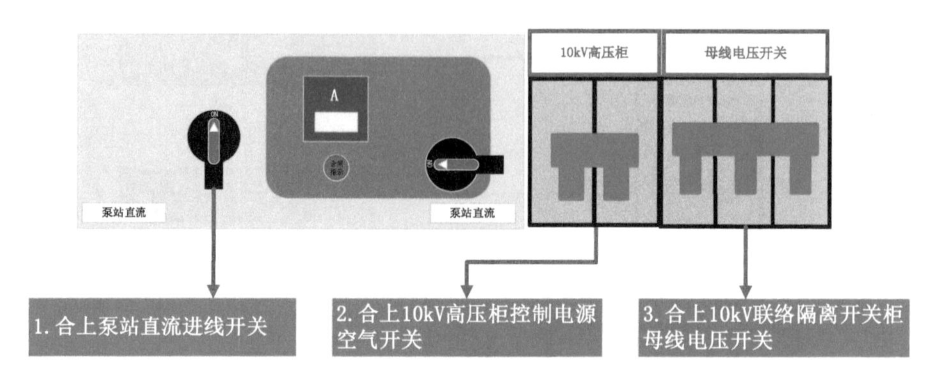

图 7-12 10 kV 联络隔离开关柜的操作示意图

(1) 远控操作

① 将“现地/远控”转换开关调至“远控”位置(如图 7-13 所示);

② 在中央控制室上位机按操作票操作。

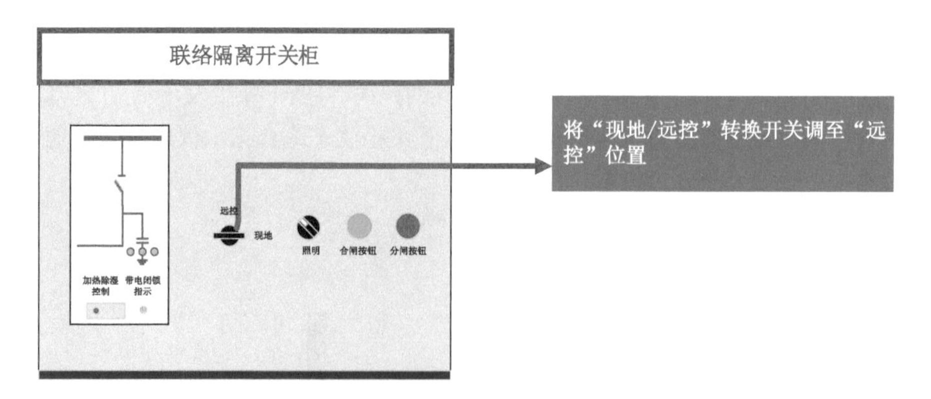

图 7-13 联络隔离开关柜的远控操作示意图

(2) 现地操作(如图 7-14 所示)

① 将“现地/远控”转换开关调至“现地”位置;

② 合闸:按下合闸按钮,开关柜状态综合指示仪应显示“合闸”位置;

③ 分闸:按下分闸按钮,开关柜状态综合指示仪应显示“分闸”位置。

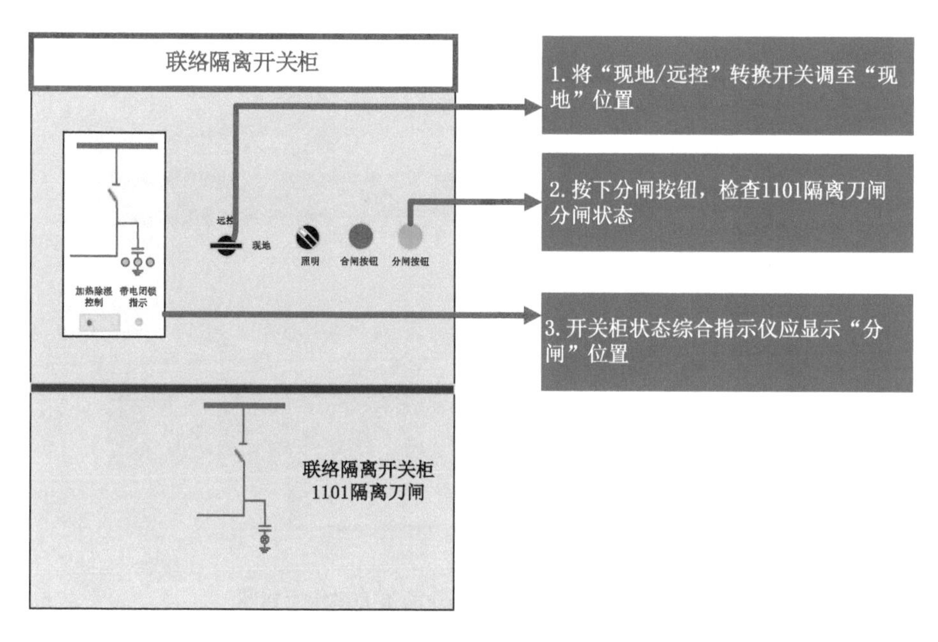

图 7-14　联络开关柜的现地操作示意图

7.1.5　主机高压开关柜

· 至 0.4 kV 开关室的 D4 馈线柜，合上泵站直流进线开关；

· 至控制保护室的直流电源柜，合上 10 kV 高压柜控制电源空气开关；

· 至 10 kV 高压室的主机高压开关柜，打开柜门合上操作电源、储能电源、100 V 母线电压开关。

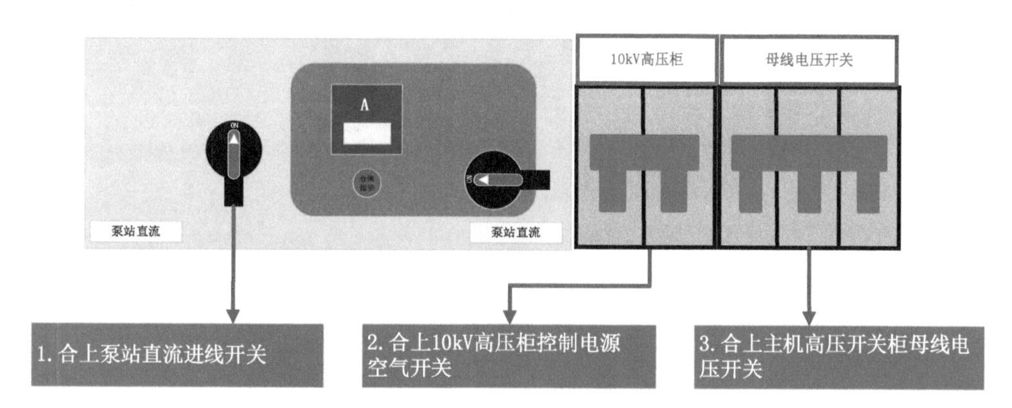

图 7-15　主机高压开关柜的操作示意图

(1) 照明操作、断路器室柜门、储能操作、手车操作、合闸操作、分闸操作、断路器本体操作、信号复归参照 10 kV 进线开关柜。

(2) 接地刀闸操作参照 10 kV 站变开关柜。

(3) 真空破坏阀联动操作：

① 将真空破坏阀转换开关调至“关阀”，延时 15 s 后真空破坏阀应关闭，真空破坏阀关

闭指示灯显示应正常；

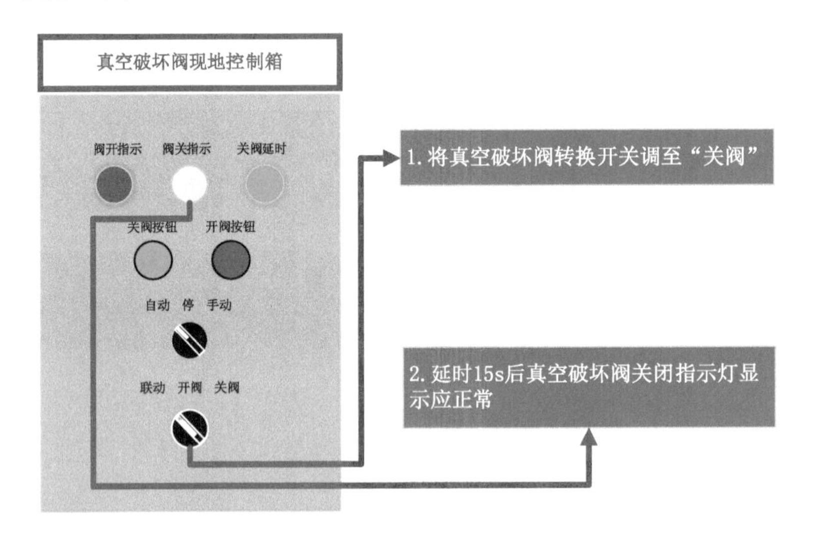

图 7-16　真空破坏阀现地控制箱的操作流程图

② 将真空破坏阀转换开关调至“开阀”，检查真空破坏阀开启状态(如图 7-17 所示)。

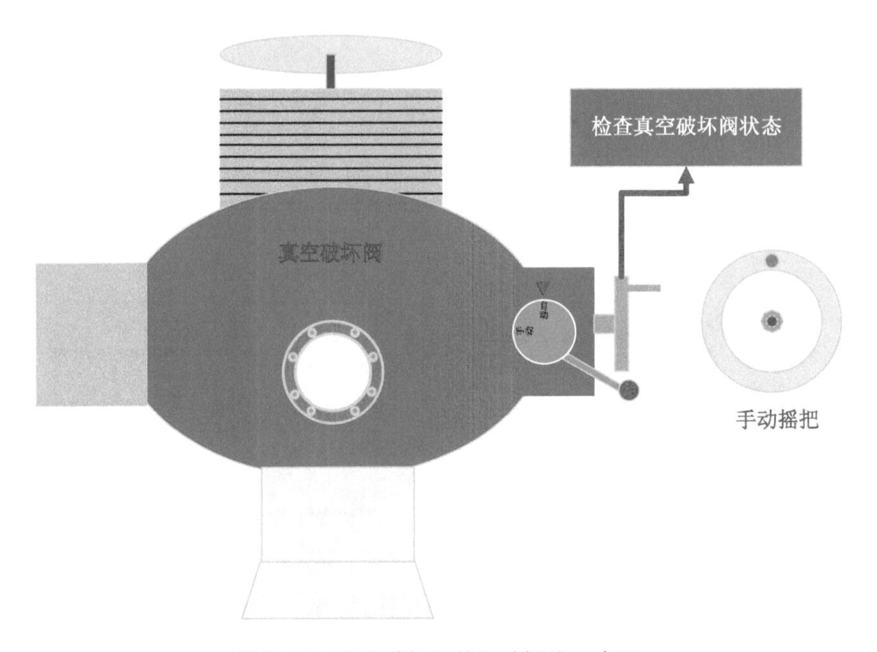

图 7-17　真空破坏阀的手动操作示意图

注：仅手车位于“工作”位置时，可进行联动操作。

7.1.6　10 kV 所变进线开关柜(如图 7-18 所示)

• 至 0.4 kV 开关室的 D4 馈线柜，合上泵站直流进线开关；

• 至控制保护室的直流电源柜，合上 10 kV 高压柜控制电源空气开关；

• 至 10 kV 高压室的 10 kV 所变进线开关柜，打开柜门合上操作电源、储能电源、100 V母线电压开关。

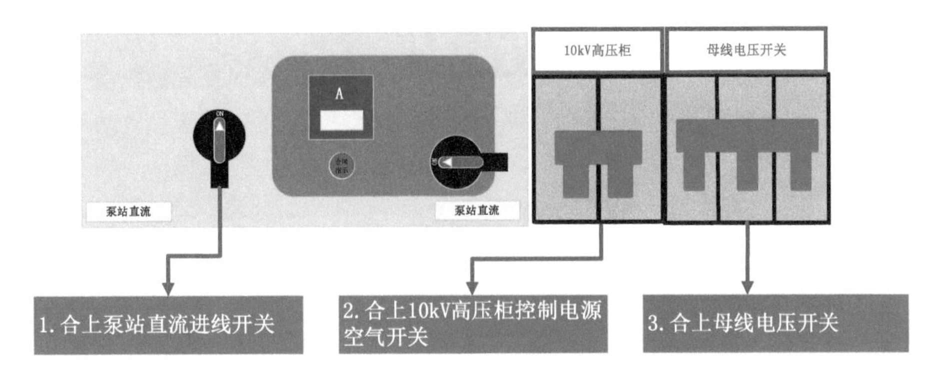

图 7-18　10 kV 所变进线开关柜的操作示意图

(1) 照明操作、风机操作、断路器室柜门、储能操作、手车操作、合闸操作、分闸操作、断路器本体操作、信号复归参照 10 kV 进线开关柜。

(2) 接地刀闸操作参照 10 kV 进线开关柜。

7.1.7　10 kV 所变电源隔离开关柜(如图 7-19 所示)

- 至 0.4 kV 开关室的 D4 馈线柜,合上泵站直流进线开关;
- 至控制保护室的直流电源柜,合上 10 kV 高压柜控制电源空气开关;
- 至 10 kV 高压室的 10 kV 所变电源隔离开关柜,打开柜门合上操作电源。

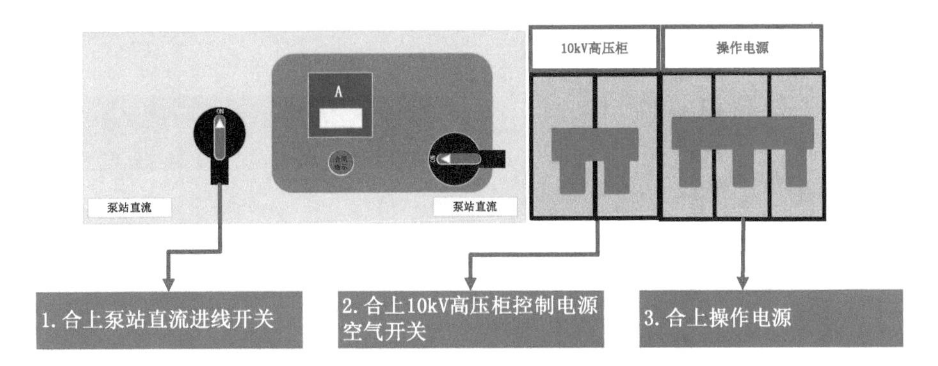

图 7-19　10 kV 所变电源隔离开关柜的操作示意图

手车操作参照 10 kV 进线开关柜。

7.2　0.4 kV 设备

7.2.1　站变进线柜

将“现地/停止/远控”切换开关调至“现地”位置(如图 7-20 所示)。

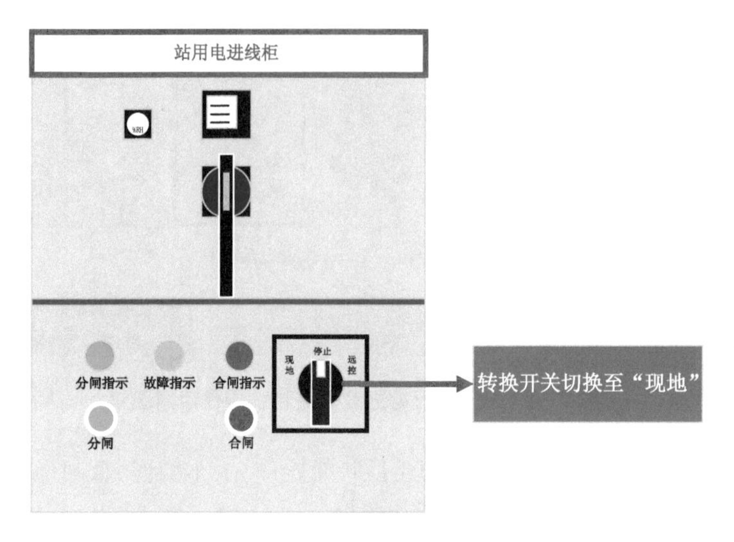

图 7-20　将远控开关切换至“现地”操作的示意图

(1) 站变投入

将隔离开关转至“ON”位置,按下合闸按钮(如图 7-21 所示)。

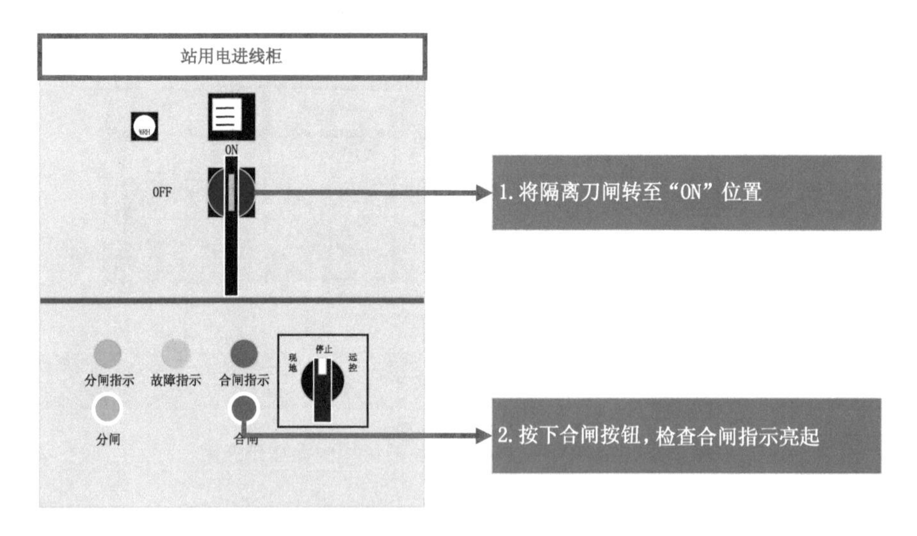

图 7-21　将隔离开关转至“ON”位置时的操作示意图

(2) 站变退出

按下分闸按钮,将隔离开关转至“OFF”位置(如图 7-22 所示)。

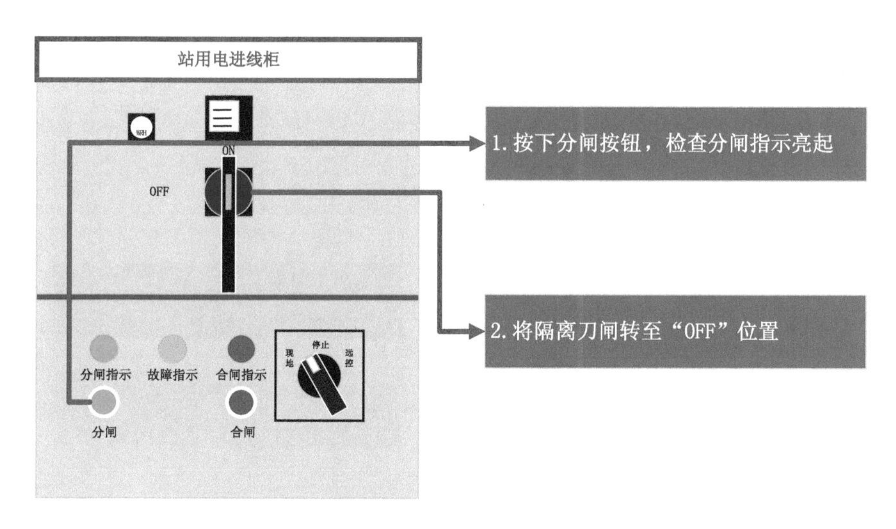

图 7-22　将隔离开关转至“OFF”位置的操作示意图

注：所变进线柜(D9)操作参照该柜。

7.2.2　电容柜、母联柜

(1) 电容柜(如图 7-23 所示)

① 投入将负荷隔离开关转至“ON”位置，投入补偿电容。

② 切出将负荷隔离开关转至“OFF”位置，切出补偿电容。

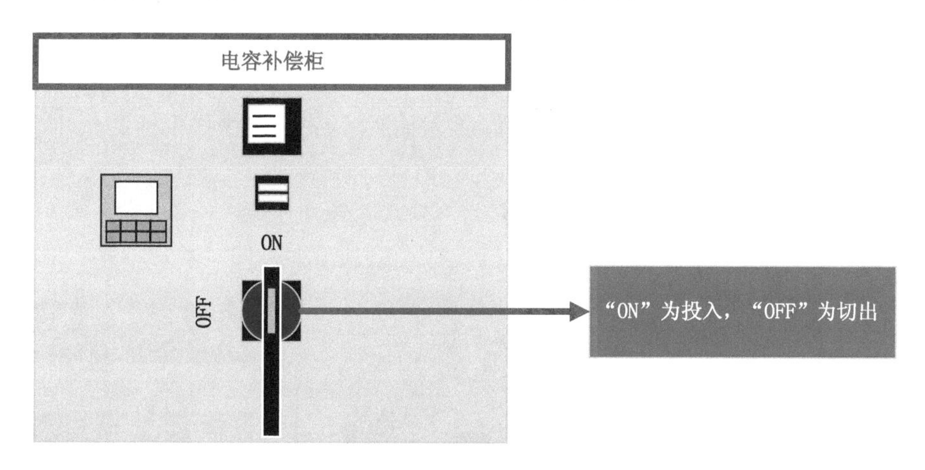

图 7-23　电容补偿柜的“ON”和“OFF”操作示意图

(2) 母联柜

① 储能手动操作

向上拉出储能手柄，适度用力向下压，重复操作，储能指示显示“OK”即储能成功(如图 7-24 所示)。

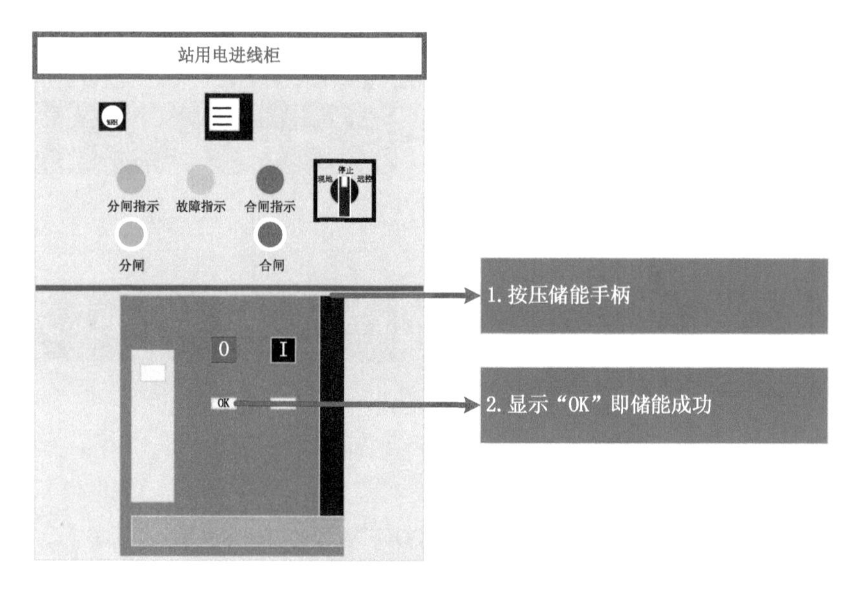

图 7-24　母联柜储能手动操作的示意图

② 手车操作、合闸操作、分闸操作参照 10 kV 进线开关柜。

注：① 当站变进线开关、所变进线开关均处于合闸位置时，母联开关禁止合闸。

② 水轮发电机组 D10 进线柜的操作参照该柜。

7.2.3　馈线柜

(1) 电控抽屉开关(合闸，如图 7-25 所示)

① 将转换开关调至“现地”位置；

② 将位置操作手柄调至“ ”抽推位置，推入抽屉后，将位置操作手柄调至“ ”工作位置，检查分闸指示灯(绿灯)显示应正常；

③ 按下合闸按钮(红色)，检查合闸指示灯(红灯)显示应正常。

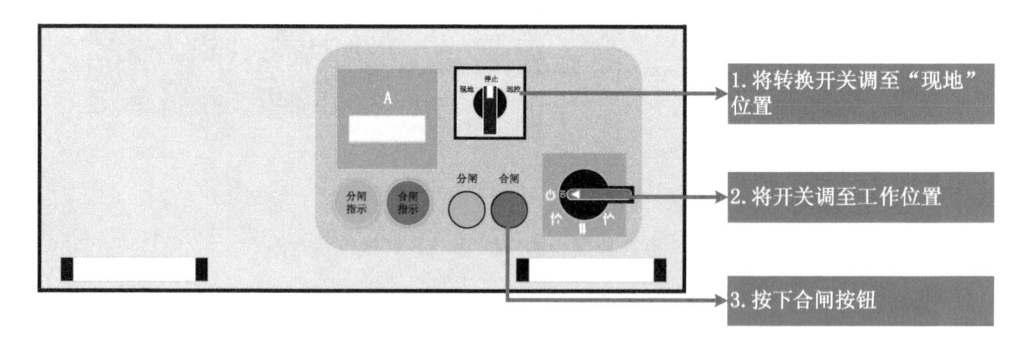

图 7-25　电控抽屉开关的操作示意图

(2) 电控抽屉开关(分闸，如图 7-26 所示)

① 按下分闸按钮(绿色)，检查分闸指示灯(绿色)显示应正常；

② 检修时，将位置操作手柄调至“ ”抽推位置，拉出抽屉后可检修。

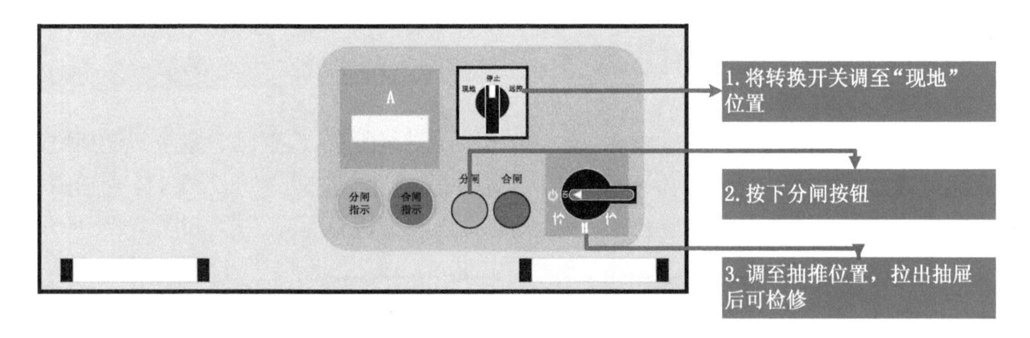

图 7-26　转换开关转至现地的操作示意图

（3）手动抽屉开关（合闸，如图 7-27 所示）

① 将位置操作手柄调至抽推位置，推入抽屉后将位置操作手柄调至“ ⏻ ”工作位置，指示灯应无显示；

② 将位置操作手柄调至“ON”位置，检查指示灯显示应正常。

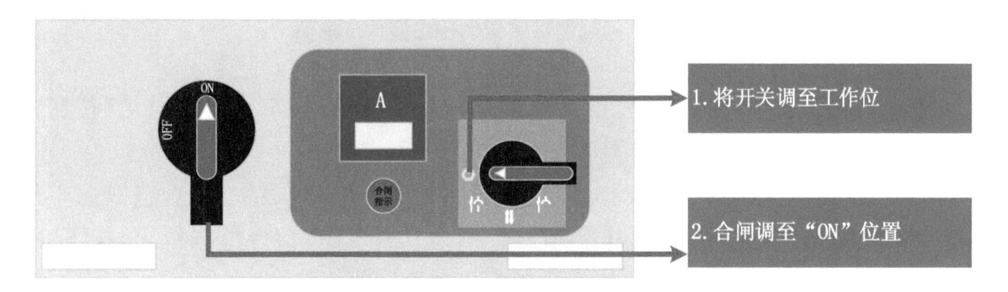

图 7-27　手动抽屉开关调至工作位的操作示意图

（4）手动抽屉开关（分闸，如图 7-28 所示）

① 将转换开关调至“OFF”位置，检查指示灯应无显示；

② 检修时，将位置操作手柄调至“ ⏸ ”抽推位置，拉出抽屉后可检修。

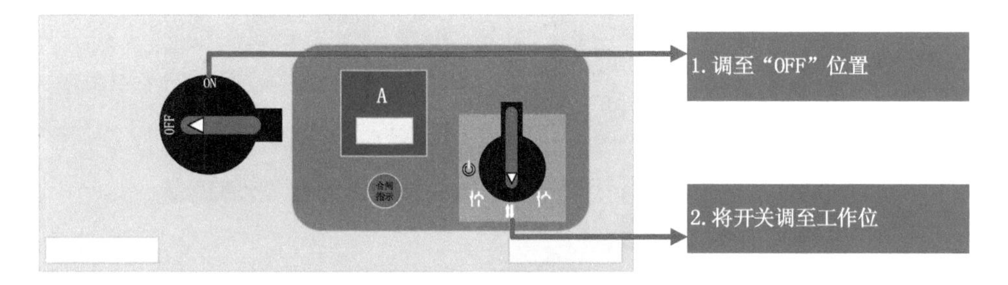

图 7-28　手动抽屉开关调至“OFF”的操作示意图

7.3 励磁装置操作

7.3.1 励磁调试(现场操作)

(1) 至 0.4 kV 开关室的 D2 馈线柜,合上微机励磁进线开关,检查励磁室主机微机励磁装置的交流电源显示应正常;至控制保护室的直流电源柜,合上励磁屏空气开关,检查励磁室主机微机励磁装置的直流电源显示应正常;检查励磁变压器三相温度应正常(如图 7-29 所示)。

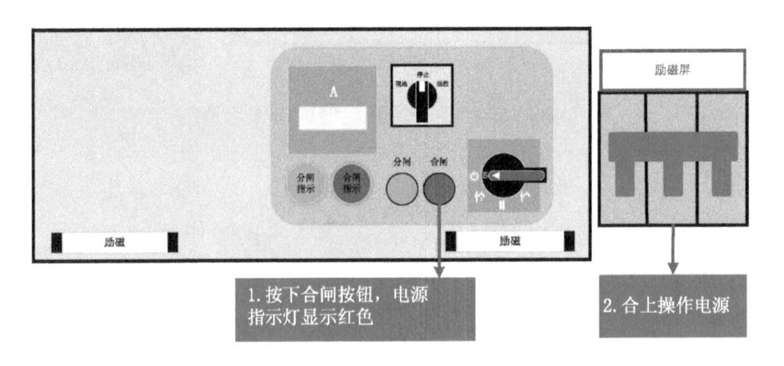

图 7-29 励磁调试装置的现场操作示意图

(2) 按下"调试/工作"按钮,将励磁工况调至"调试"状态;按下"手动/自动"按钮,将操作方式调至"手动"状态(如图 7-30 所示)。

(3) 按下"投励/灭磁",将励磁调试调至"投励"状态;此时观察励磁电流、励磁电压、设定值、测量值数据显示应正常,此时电流约 261 A,电压约 110 V,待数据稳定,按下"投励/灭磁",将励磁调试调至"灭磁"状态,检查励磁电压是否归零。

(4) 调试结束后,按下"调试/工作"按钮,将励磁工况调至"工作"状态;按下"手动/自动"按钮,将操作方式调至"自动"状态。

(5) 此时微机励磁装置具备启动条件。

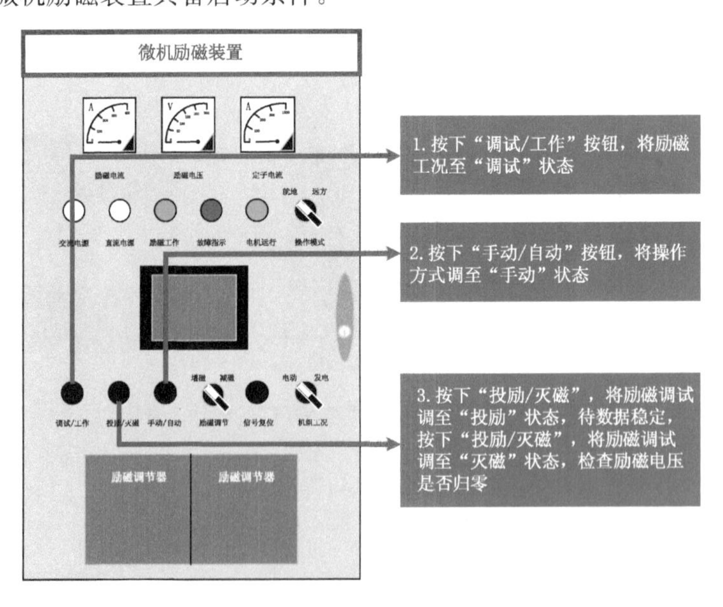

图 7-30 微机励磁装置的操作示意图

7.3.2 励磁运行(现场操作)

(1) 至0.4 kV开关室的D2馈线柜,合上微机励磁进线开关,检查励磁室主机微机励磁装置的交流电源显示应正常;至控制保护室的直流电源柜,合上励磁屏空气开关,检查励磁室主机微机励磁装置的直流电源显示应正常;检查励磁变压器三相温度是否正常(如图7-31所示)。

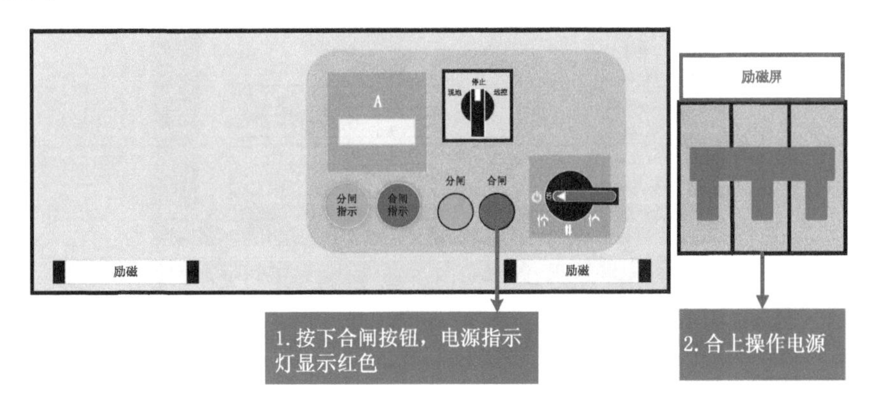

图7-31 励磁运行的现场操作示意图

(2) 将操作模式转换开关调至“就地”位置,检查机组工况应在“电动”位置。

(3) 触碰显示操作屏,检查数据应正常(励磁工况:工作;操作模式:就地;控制方式:自动;电机状态:分闸;空开状态:分闸);单击“更多”→“合空气开关”→“确认”,单击“确认”前,再次检查各工况数据应正常(如图7-32所示)。

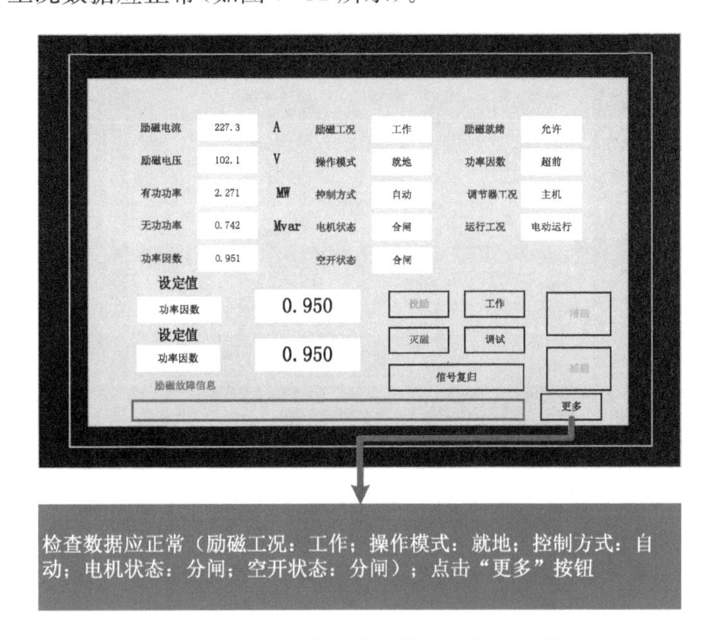

图7-32 励磁装置的触摸显示屏示意图

(4) 微机励磁装置启动应正常,检查现场运行情况,励磁变压器伴有“嗡嗡”声;此时具备主机机组运行条件(如图7-33所示)。

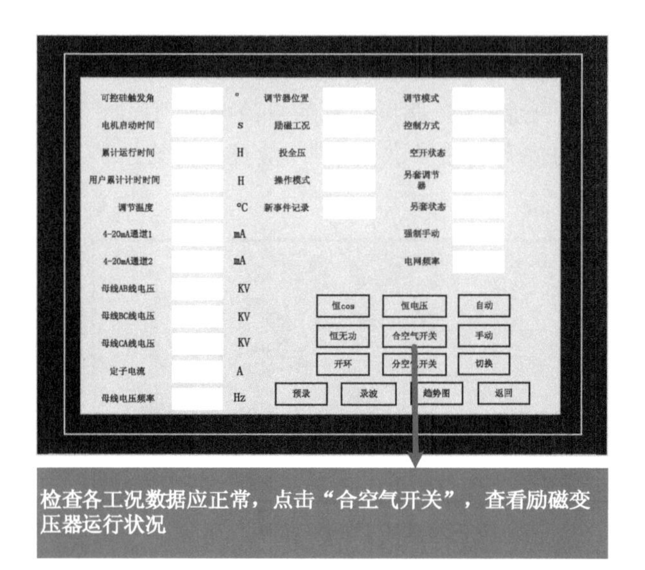

图 7-33　点击开关查看励磁变压器运行情况的操作图

7.3.3　励磁停止(现场操作)

(1) 触碰显示操作屏,检查数据应正常(励磁工况:工作;操作模式:就地;控制方式:自动;电机状态:合闸;空开状态:合闸);单击“更多”→“分空气开关”→“确认”,单击“确认”前再次检查各工况数据应正常(如图 7-34 所示)。

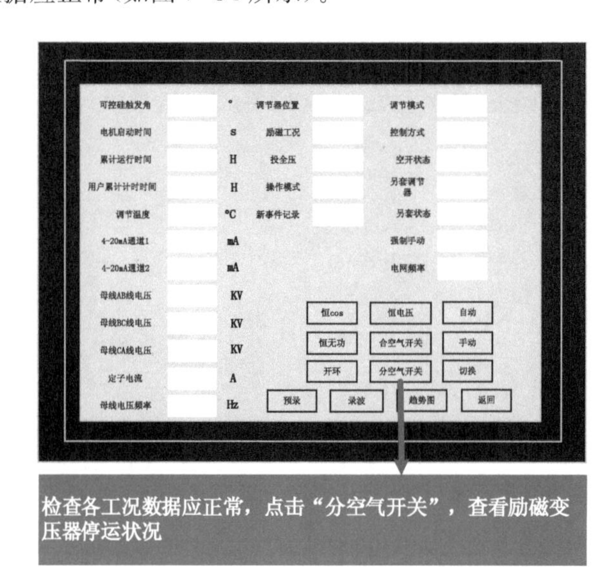

图 7-34　点击开关查看励磁变压器停运状况的操作示意图

(2) 至 0.4 kV 开关室的 D2 馈线柜,拉开微机励磁进线开关,检查励磁室主机微机励磁装置的交流电源显示应正常;检查励磁变压器三相温度应正常;至控制保护室的直流电源柜,拉开励磁屏空气开关,检查励磁室主机微机励磁装置的直流电源显示应正常。

(3) 微机励磁装置停止应正常,检查现场情况。

7.3.4 励磁停止(远控操作)

(1) 至 0.4 kV 开关室的 D2 馈线柜,按下微机励磁进线开关;至控制保护室的直流电源柜,合上励磁屏空气开关。

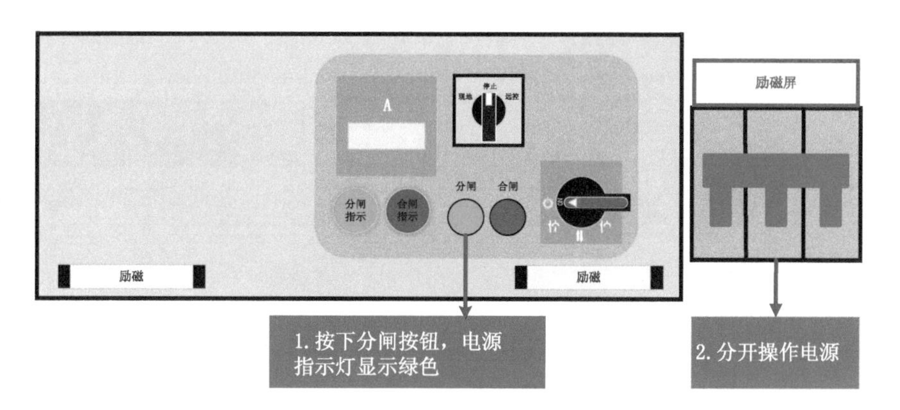

图 7-35　励磁装置远控操作的示意图

(2) 将操作模式调至“远方”位置,检查机组工况应位于“电动”位置。

(3) 在中央控制室上位机按操作票操作。

7.4 真空破坏阀操作

7.4.1 开阀操作(手动开阀)

(1) 将手动操作杆调至“手动”位置;

(2) 逆时针旋转开合轴手轮,约 20 圈至开阀状态(逆时针为打开),如图 7-36 所示。

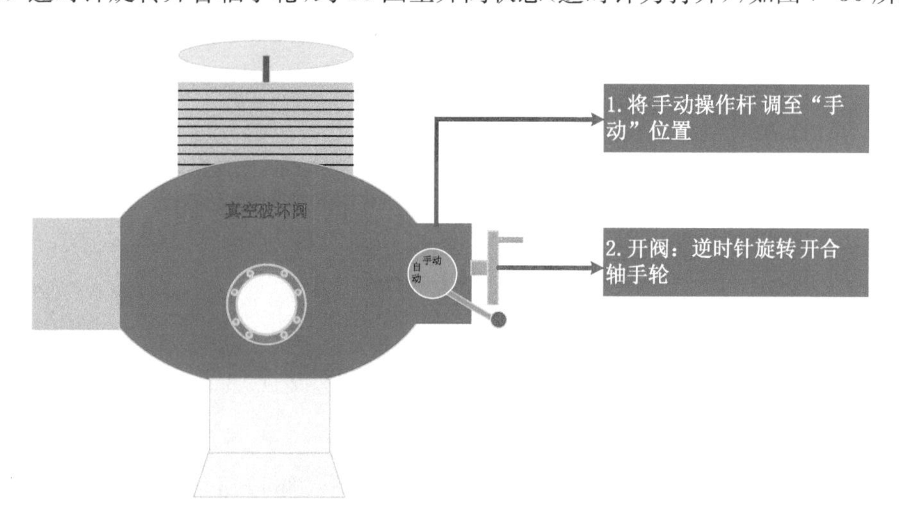

图 7-36　开阀操作(手动开阀)的操作示意图

7.4.2 关阀操作(手动关阀)

(1) 将手动操作杆调至“手动”位置;

(2) 顺时针旋转开合轴手轮,约 20 圈至关阀状态(顺时针为关闭),如图 7-37 所示。

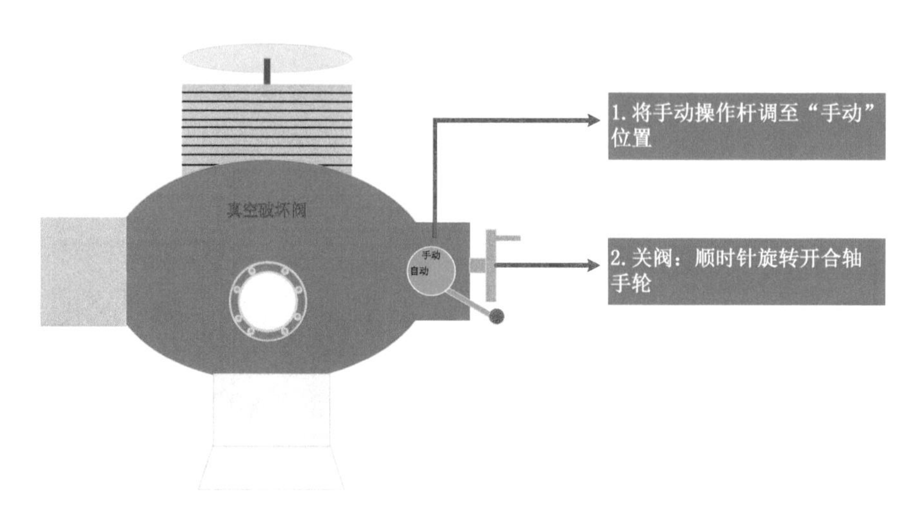

图 7-37　真空破坏阀(手动关阀)的操作示意图

7.4.3　开阀操作(电控开阀)

将“现地/停/远控”转换开关调至“手动”位置，按下开阀按钮，“阀开指示”显示应正常，检查真空破坏阀开阀应正常，如图 7-38 所示。

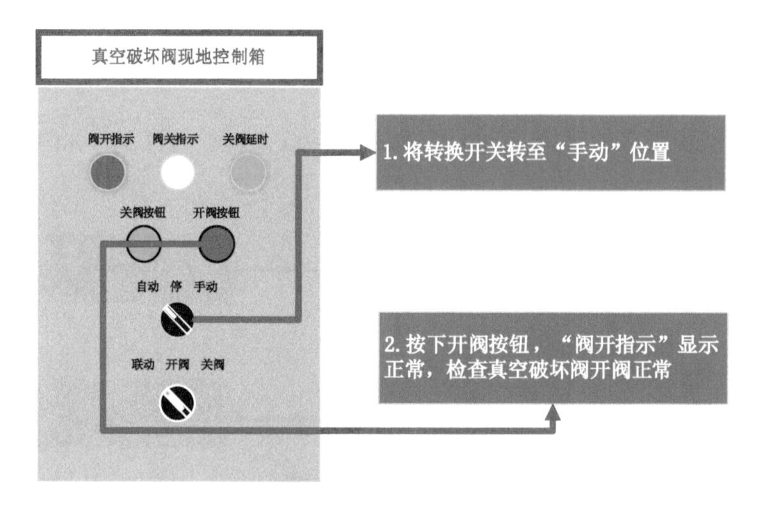

图 7-38　开阀操作(电控开阀)的操作示意图

7.4.4　关阀操作(电控关阀)

将“现地/停/远控”转换开关调至“手动”位置。按下关阀按钮，检查“关阀延时”显示应正常，持续 15 s 后(延时时间可通过操作箱内部的延时继电器调节)，真空破坏阀关闭，检查“阀关指示”显示应正常，如图 7-39 所示。

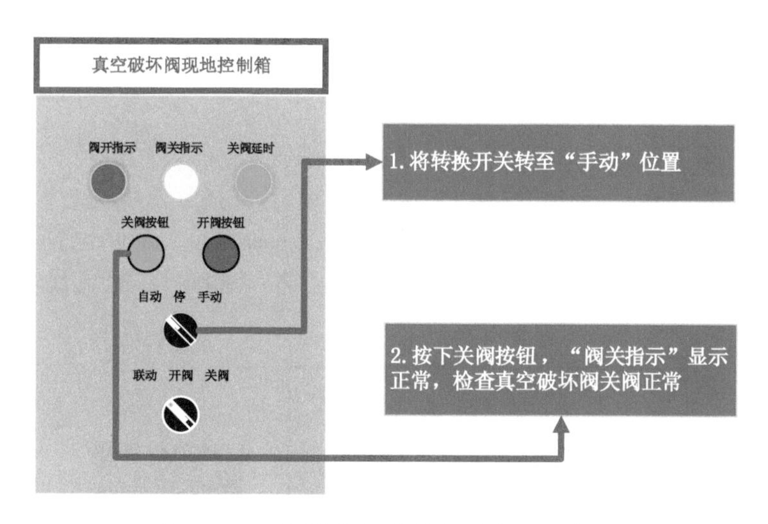

图 7-39　关阀操作(电控关阀)的操作示意图

7.4.5　远控操作

(1) 打开现场操作箱面板,合上电源开关,检查“阀开指示”显示应正常;

(2) 将“自动/停/手动”转换开关调至“自动”位置,并将真空破坏阀手动操作杆调至“自动”位置;

(3) 在高压室主机高压开关柜进行远控操作,如图 7-40 所示。

注:若真空破坏阀不能正确动作,应及时停机,并打开操作箱面板,检查保险丝,或将“自动/停/手动”转换开关调至“手动”位置,并将手动操作杆调至“手动”位置,旋转开合轴手轮进行操作。

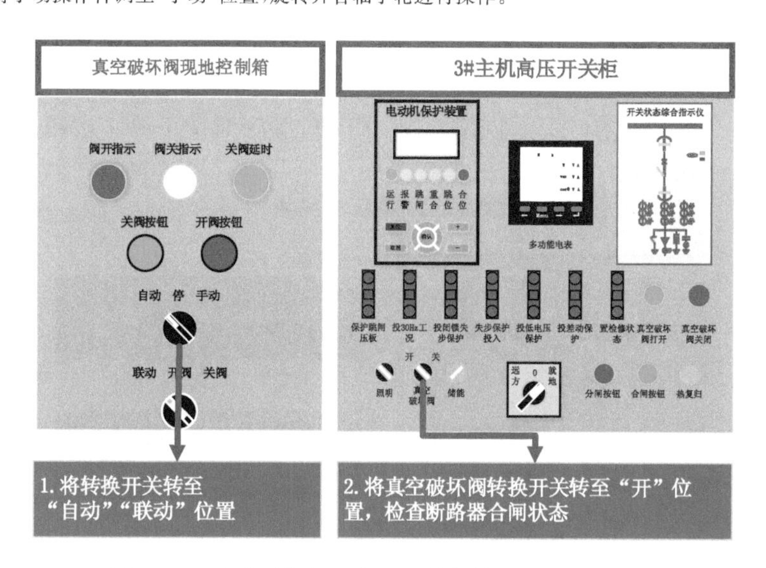

图 7-40　真空破坏阀和高压开关柜的远程操作示意图

7.5 启闭机操作(以挡洪闸为例)

7.5.1 挡洪闸启闭机启动

(1) 至 0.4 kV 开关室的 D7 馈线柜,合上挡洪闸进线开关;至挡洪闸的 D13 馈线柜,将“现地/远控”转换开关调至“现地”位置,按下合闸按钮,合闸指示显示应正常。

(2) 至挡洪闸启闭机控制柜,将“现地/远控”转换开关调至“现地”位置,将左侧开关旋钮旋转至“ON”位,按下合闸按钮,合闸指示显示应正常,检查电压表、电流表读数正常(电压表数值约为 220 V,电流表数值为 0 A)。

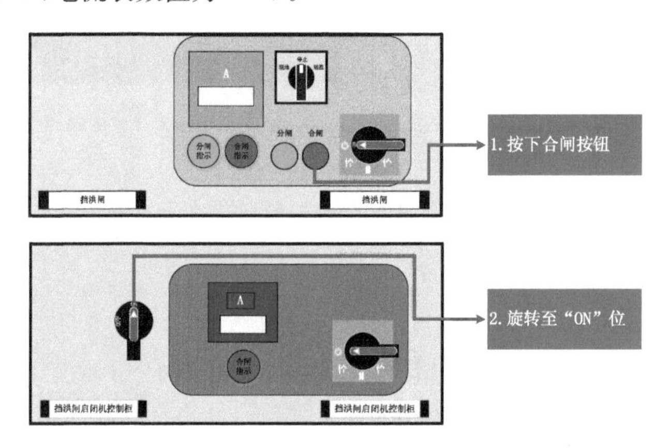

图 7-41 挡洪闸启闭机的操作图

(3) 开闸操作

按下开闸按钮,开闸指示显示应正常,闸门上升,到达指定高度时按下停止按钮,停止指示显示应正常,如图 7-42 所示。

(4) 关闸操作

按下关闸按钮,关闸指示显示应正常,闸门下降,关闭时按下停止按钮,停止指示显示应正常,如图 7-42 所示。

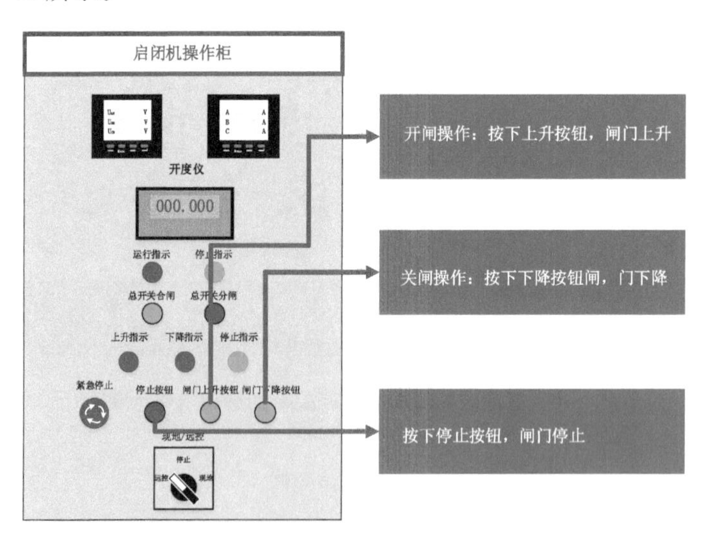

图 7-42 启闭机开闸关闸的操作示意图

7.5.2 挡洪闸启闭机停止

(1) 按下分闸按钮,分闸指示显示应正常。

(2) 至挡洪闸的 D13 馈线柜,按下分闸按钮,分闸指示显示应正常;至 0.4 kV 开关室的 D7 馈线柜,拉开挡洪闸进线开关。

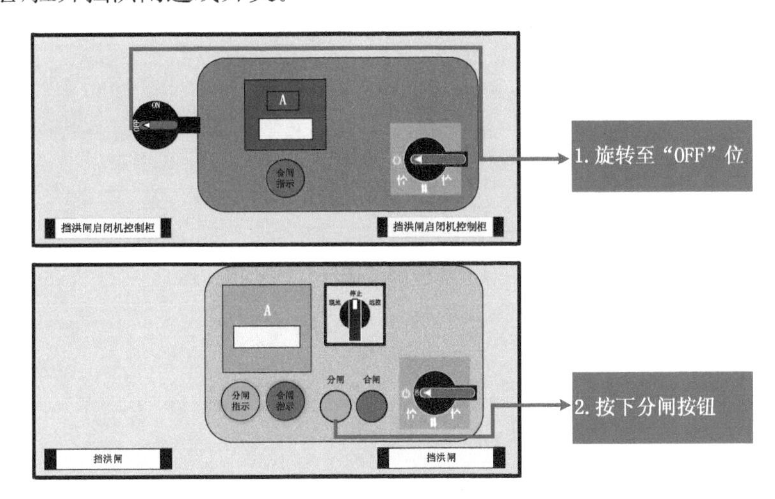

图 7-43　挡洪闸启闭机停止的操作示意图

7.6 清污机操作

7.6.1 清污机启动

(1) 至 0.4 kV 开关室的 D7 馈线柜,合上进水闸进线开关;

(2) 至进水闸的 D14 馈线柜,将清污机进线开关旋钮转至“ON”位;

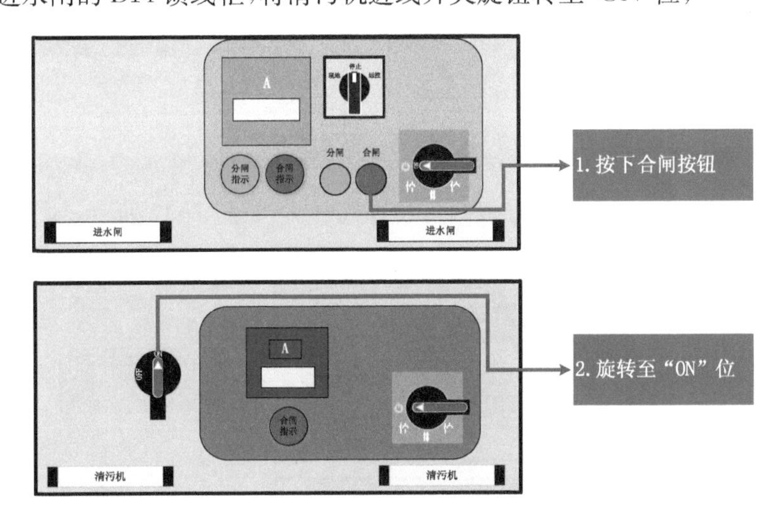

图 7-44　打开清污机的操作示意图

(3) 至进水闸清污机控制柜,合上柜门内空气开关;

(4) 按下“1♯格栅运行”,电压表、电流表读数正常,检查清污机运行应正常,如图 7-45 所示。

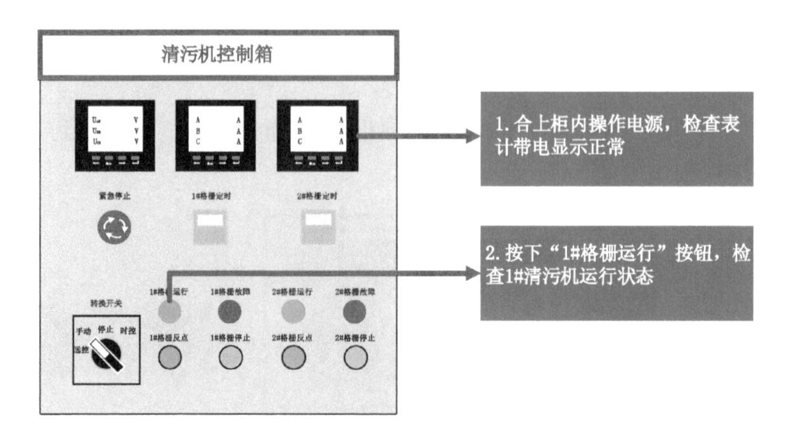

图 7-45　清污机控制箱运行状态的操作图

7.6.2　清污机停止

(1) 按下"1＃格栅停止",清污机停止;

(2) 打开下方柜门,拉开空气开关;

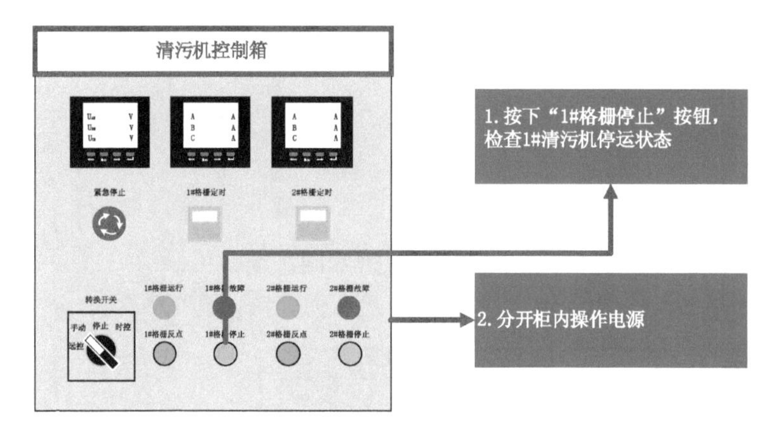

图 7-46　清污机停运状态图

(3) 至进水闸的 D14 馈线柜,拉开清污机进线开关,如图 7-47 所示。

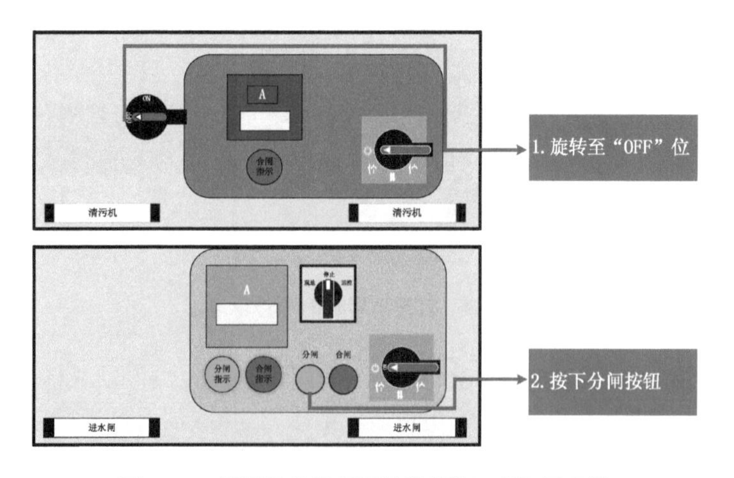

图 7-47　清污机关闭需要旋转至"OFF"位示意图

注：① 运行过程中遇突发情况或停止按钮失效时，按下“紧急停止”按钮停机；

② 格栅反点运行过程中，清污机被异物(树枝、水草、渔网等)卡住时，按下“1#格栅停止”按钮，清污机停止，点按“1#格栅反点”按钮，方便清理异物，清理完毕并检查无异常后，可继续运行；

③ 挡洪闸清污机操作参照进水闸清污机操作。

7.7 皮带输送机操作

7.7.1 皮带输送机启动

(1) 至 0.4 kV 开关室的 D7 馈线柜，合上进水闸进线开关，如图 7-48 所示；

(2) 至进水闸的 D14 馈线柜，合上皮带机进线开关；

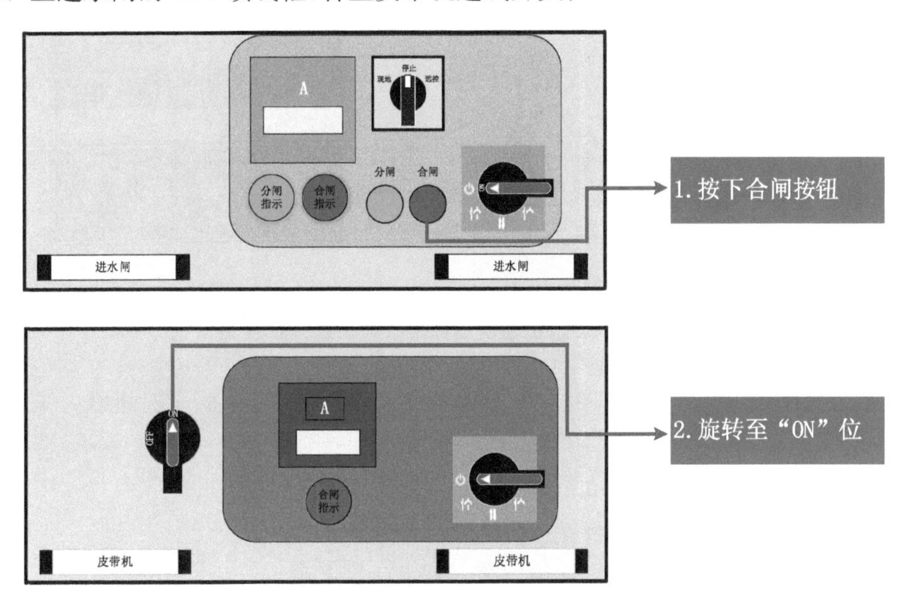

图 7-48 皮带输送机的开启示意图

(3) 至进水闸皮带机控制柜，合上柜门内空气开关；

(4) 依次按下“水平皮带输送机开关”“倾斜皮带输送机开关”，检查水平皮带输送机运行指示、倾斜皮带输送机运行指示显示应正常，皮带输送机运行应正常，如图 7-49 所示。

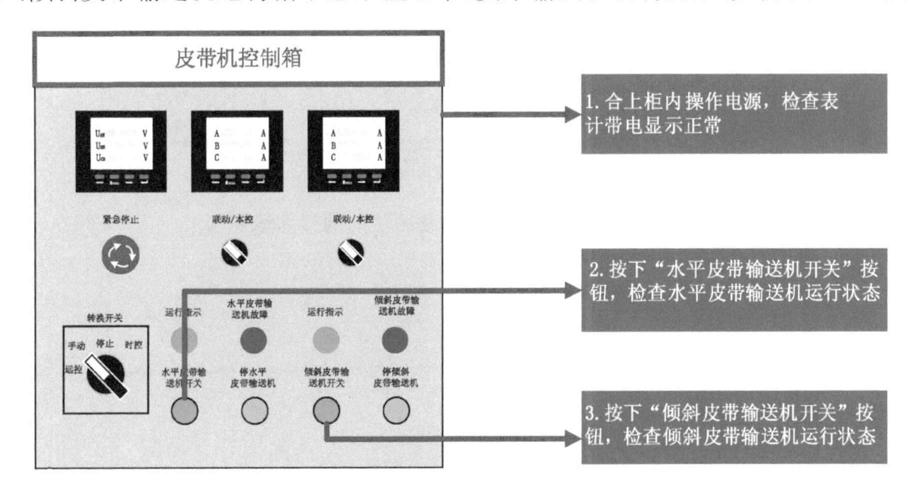

图 7-49 皮带机控制箱的操作示意图

7.7.2 皮带输送机停止

(1) 按下"停水平皮带输送机""停倾斜皮带输送机"按钮,检查皮带输送机应停止运行,如图 7-50 所示;

(2) 拉开柜内空气开关;

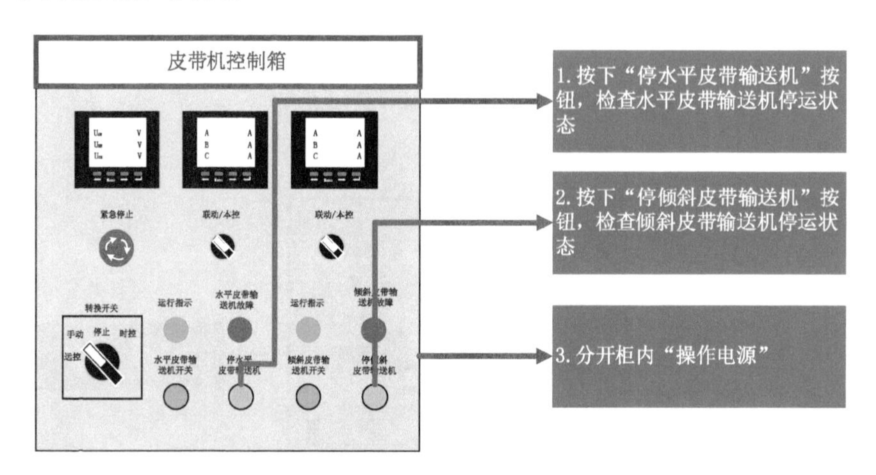

图 7-50　皮带机控制箱停运状态的操作示意图

(3) 至进水闸的 D14 馈线柜,拉开皮带输送机进线开关,拉开皮带机进线开关,如图 7-51 所示。

注:运行过程中遇突发情况或停止按钮失效时,按下"紧急停止"按钮停机。

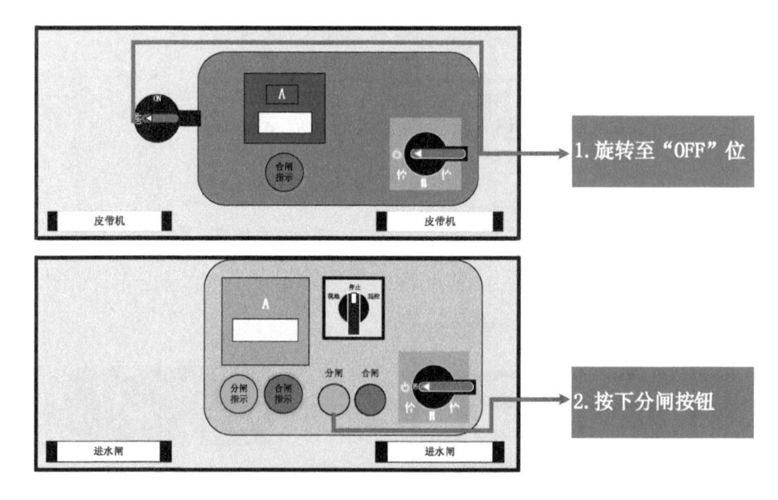

图 7-51　将皮带机旋转至"OFF"位时的操作示意图

7.8 辅机操作

7.8.1 供水系统操作

(1) 供水系统闸阀操作

① 工频启动应提前打开所有机组的电动阀;变频启动应打开 1# 机组的电动阀 SD101,并确认 1# 主机电动阀全开状态(以开启 1# 主机为例)。

② 检查系统闸阀开、闭状态，应打开的闸阀有：SZ001、SZ002、SZ003、SZ004、SZ005、SZ006、SZ007、SZ008、SZ009、SZ010、SZ011、SZ012、SZ013、SZ014、SZ015、SZ016、SZ017、SZ018、SZ101、SZ103、SZ104、SZ105、SZ106、SZ107、SZ108、SZ110、SZ111、SZ113、SZ114、SZ118、SZ319、SH001、SH002、SD101。应关闭的闸阀有：SZ1023、SZ109、SZ112。开启供水泵，变频启动则需根据开启机组的台数输入相应的频率。

(2) 供水泵启动

① 至 0.4 kV 开关室的 D3 馈线柜，合上供水泵动力柜进线开关(如图 7-52 所示)，副厂房供水泵动力柜的总开分闸指示显示应正常。

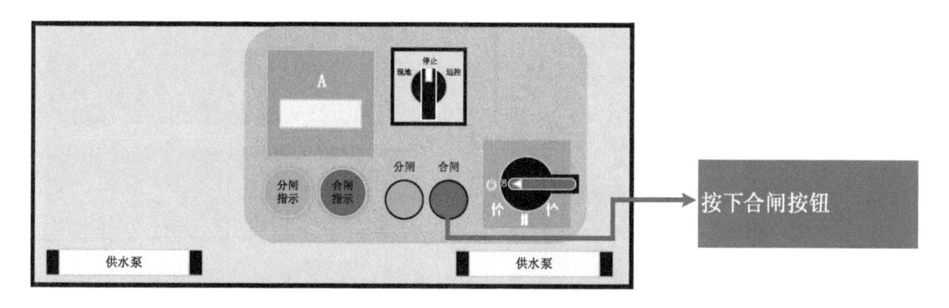

图 7-52　供水泵启动的操作示意图

② 将总开关“就地/远控”调至“就地”位置。

③ 按下“总开合闸按钮”，总开合闸指示显示应正常，检查电压表、电流表读数正常(电压表数值约为 220 V，电流表数值为 0 A)。

④ “现地-旁路”启动(如图 7-53 所示)

(a) 将 1# 供水泵“现地/远控”调至“现地”位置，1# 供水泵“变频/旁路”切换开关调至“旁路”位置；

(b) 将 1# 供水泵手自动调速开关调至“自动”位置，1# 供水泵自动控制开关调至“投入”位置；

(c) 按下“1# 供水泵合闸按钮”，1# 供水泵合闸指示显示应正常；

(d) 按下“1# 供水泵启动按钮”，1# 供水泵旁路运行指示显示应正常；

(e) 检查 1# 供水泵启动应正常(供水泵出口压力值约 0.4 MPa，联轴层供水管压力值约 0.25 MPa，主机上油缸进水管压力值 0.1～0.2 MPa，回水母管电磁流量计数值显示约 56 m^3/h)。

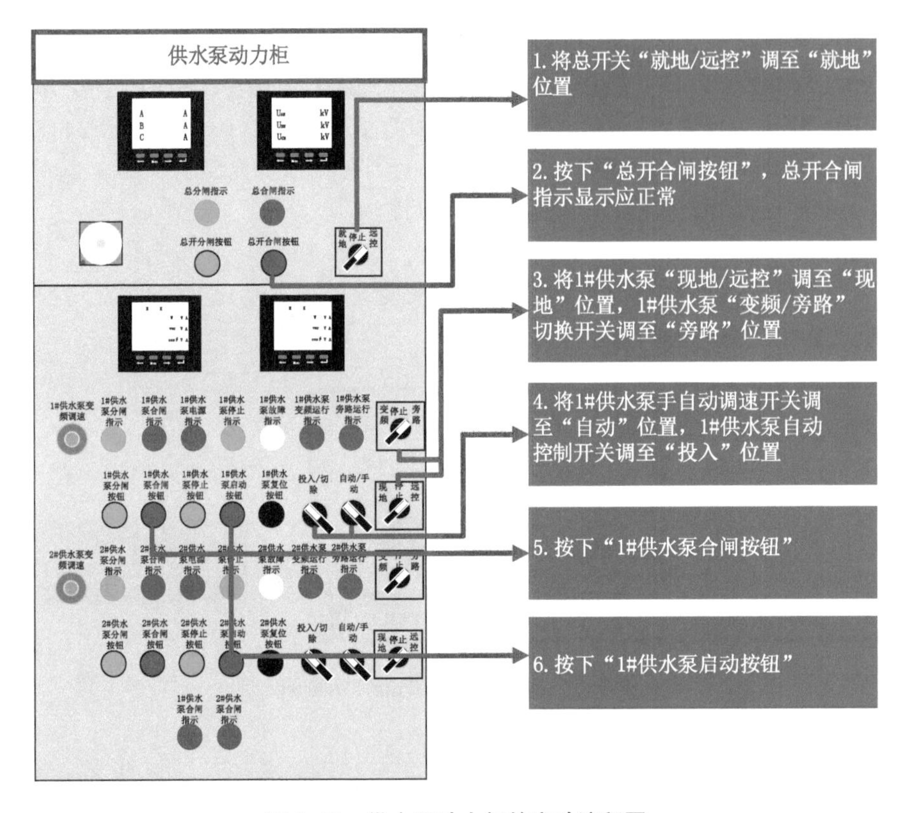

图 7-53　供水泵动力柜的启动流程图

⑤“现地-变频”启动(如图 7-54 所示)

(a) 将 1＃供水泵“现地/远控”调至“现地”位置，1＃供水泵“变频/旁路”切换开关调至“变频”位置；

(b) 将 1＃供水泵手自动调速开关调至“手动”位置，1＃供水泵自动控制开关调至“投入”位置；

(c) 按下“1＃供水泵合闸按钮”，1＃供水泵合闸指示显示应正常；

(d) 按下“1＃供水泵启动按钮”，1＃供水泵变频运行指示显示应正常；

(e) 检查 1＃供水泵启动正常；

(f) 手动调节“1＃供水泵变频调速”旋钮(顺时针为增频，逆时针为减频)，同时观察变频器数值(见柜内变频器控制面板)，完成供水泵调频。

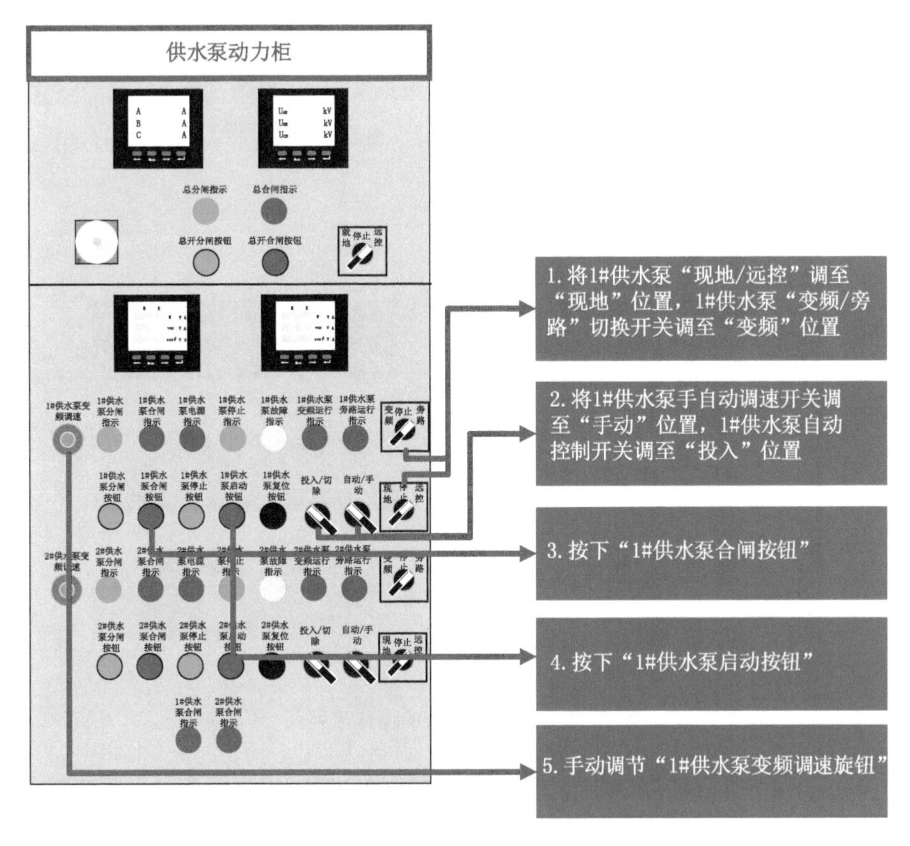

图 7-54 启动“现地—变频”时的操作流程图

(3) 供水泵停止

① 按下“1#供水泵停止按钮”，1#供水泵停止指示显示应正常，如图 7-55 所示；

② 按下“1#供水泵分闸按钮”，1#供水泵分闸指示显示应正常，如图 7-55 所示；

③ 检查 1#供水泵停止正常；

④ 按下“总开分闸按钮”，总开分闸指示显示应正常，如图 7-55 所示；

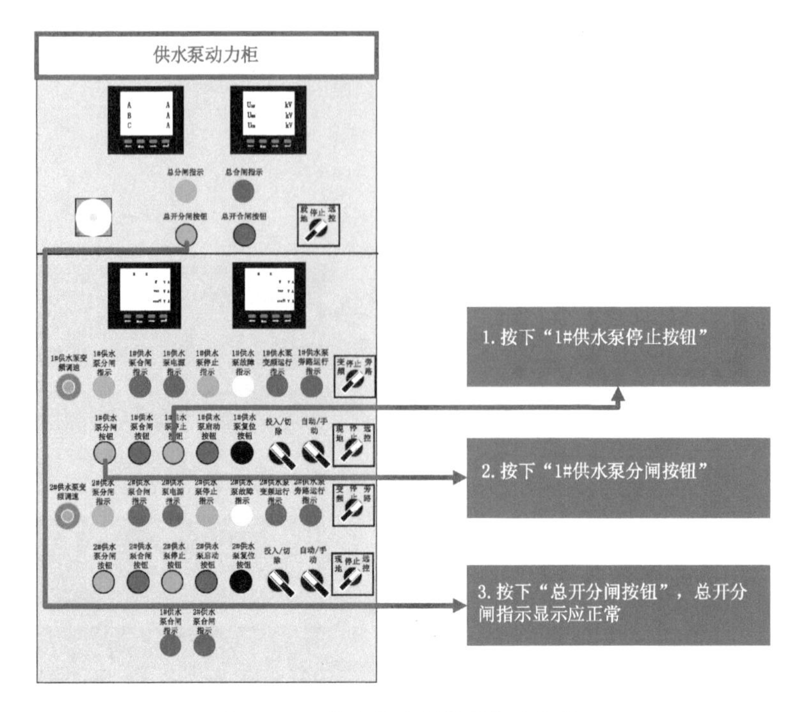

图 7-55　停止供水泵的操作流程图

⑤ 至低压开关室的 D3 馈线柜，拉开供水泵动力柜进线开关，如图 7-56 所示；

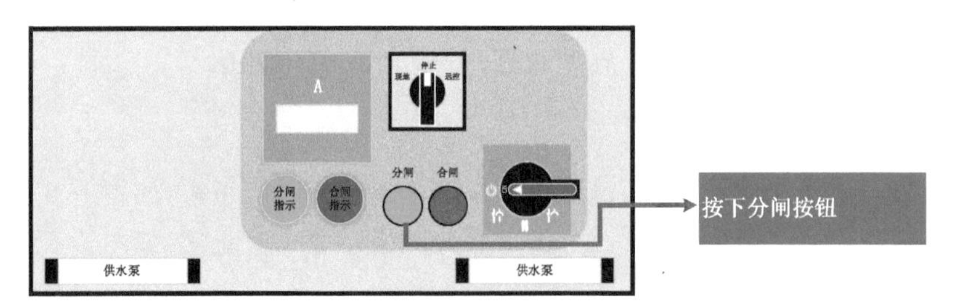

图 7-56　打开供水泵的操作图

⑥ 检查系统闸阀开、闭状态，关闭相应电动阀。

(4) 冷水机组

① 启动操作

(a) 至 0.4 kV 开关室的 D3 馈线柜，合上冷却机组进线开关，检查中央空调电源指示灯显示应正常；

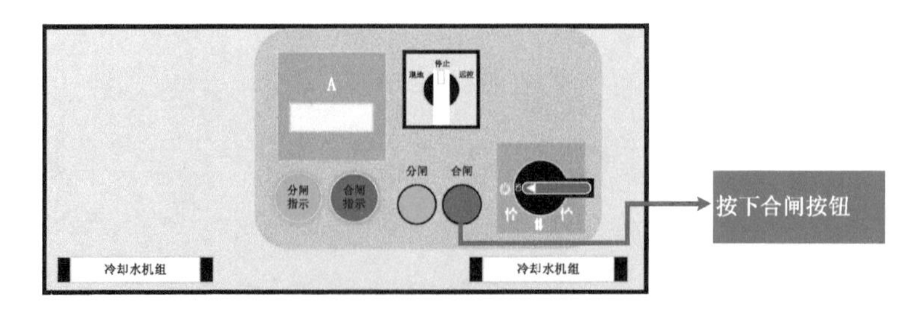

图 7-57　冷却水机组的开启操作图

(b) 按下电源开关按钮,电源指示灯显示红色,查看液晶显示屏温度显示;

(c) 调节温度(设定温度与供水泵温度传感器数值相差不大于3℃)。

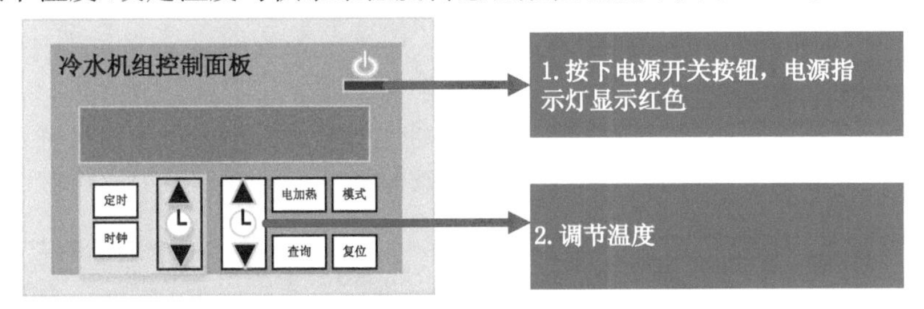

图7-58　冷水机组控制面板的操作示意图

② 停机操作

(a) 按下电源开关按钮,电源指示灯显示绿色,如图7-59所示;

(b) 至0.4 kV开关室的D3馈线柜,拉开冷却机组进线开关,检查中央空调电源指示灯应无显示。

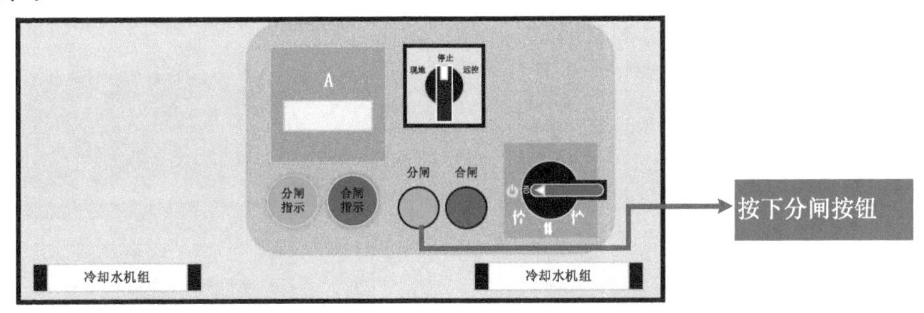

图7-59　冷却水机组停机操作图

7.8.2　排水系统操作

(1) 日常排水

① 开启1#渗漏排水泵前,确认闸阀状态,应打开的闸阀有:SZ021、SH005。

② 当水位达到3 m时,1#渗漏排水泵自动开启。

③ 排水泵轮换使用时,应打开SZ022、SH006,开启2#渗漏排水泵后,关闭1#渗漏排水泵。

④ 排水泵启动:

(a) 至0.4 kV开关室的D3馈线柜,合上排水泵动力柜进线开关(如图7-60所示),检查副厂房排水泵动力柜的总开分闸指示显示应正常。

(b) 检查1#渗漏排水泵电源指示显示应正常。

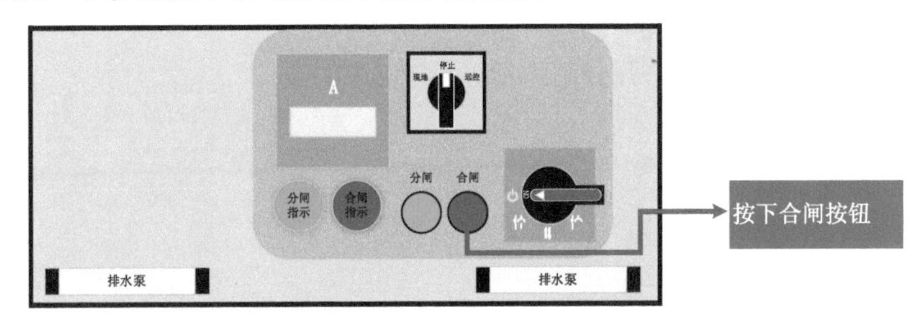

图7-60　排水泵开启时的操作图

(c) 将总开关“就地/远控”转换开关调至“就地”位置;按下“总开合闸按钮”,总开合闸指示显示应正常,检查电压表、电流表读数正常(电压表数值约为 220 V,电流表数值为 0 A);将 1# 渗漏排水泵“就地/远控”调至“就地”位置,1# 渗漏排水泵自动控制开关调至“投入”位置,如图 7-61 所示。

(d) 按下“1# 渗漏排水泵合闸按钮”,1# 渗漏排水泵合闸指示显示应正常。

(e) 按下“1# 渗漏排水泵启动按钮”,1# 渗漏排水泵启动指示显示应正常。

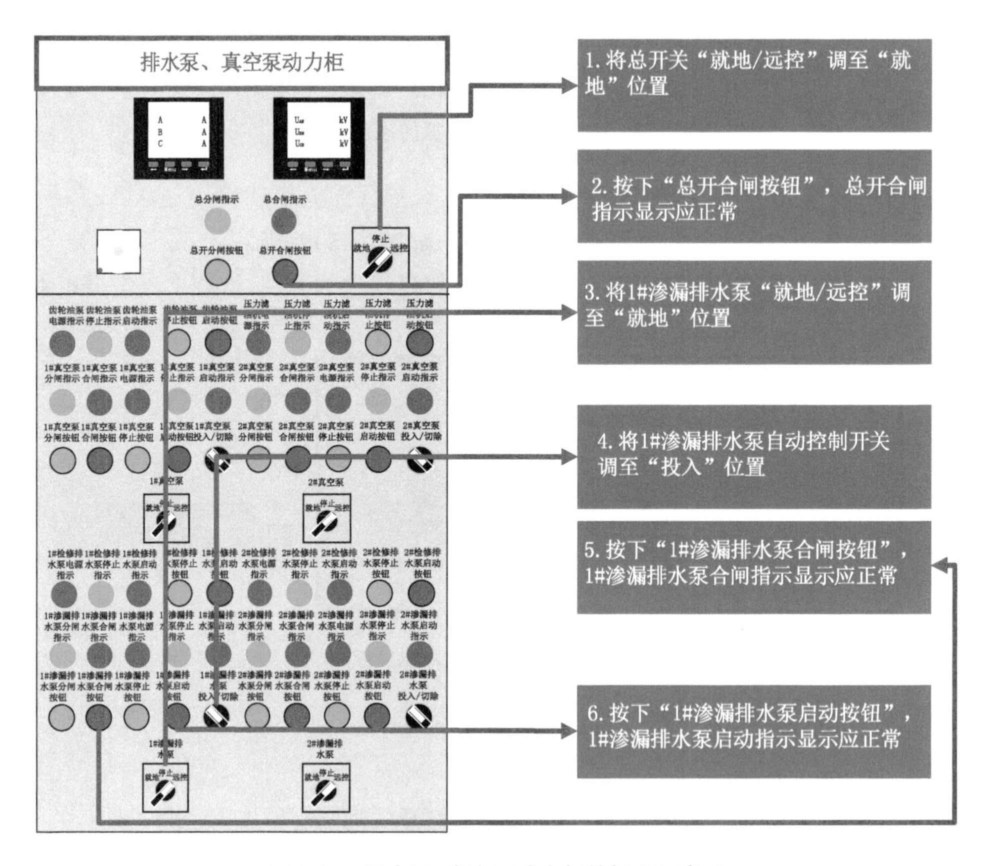

图 7-61　排水泵、真空泵动力柜的操作示意图

(f) 检查 1# 渗漏排水泵启动正常。

⑤ 排水泵停止:

① 按下“1# 渗漏排水泵停止按钮”,1# 渗漏排水泵停止指示显示应正常;

② 按下“1# 渗漏排水泵分闸按钮”,1# 渗漏排水泵分闸指示显示应正常;

③ 检查 1# 排水泵停止正常;

④ 按下“总开分闸按钮”,总开分闸指示显示应正常;

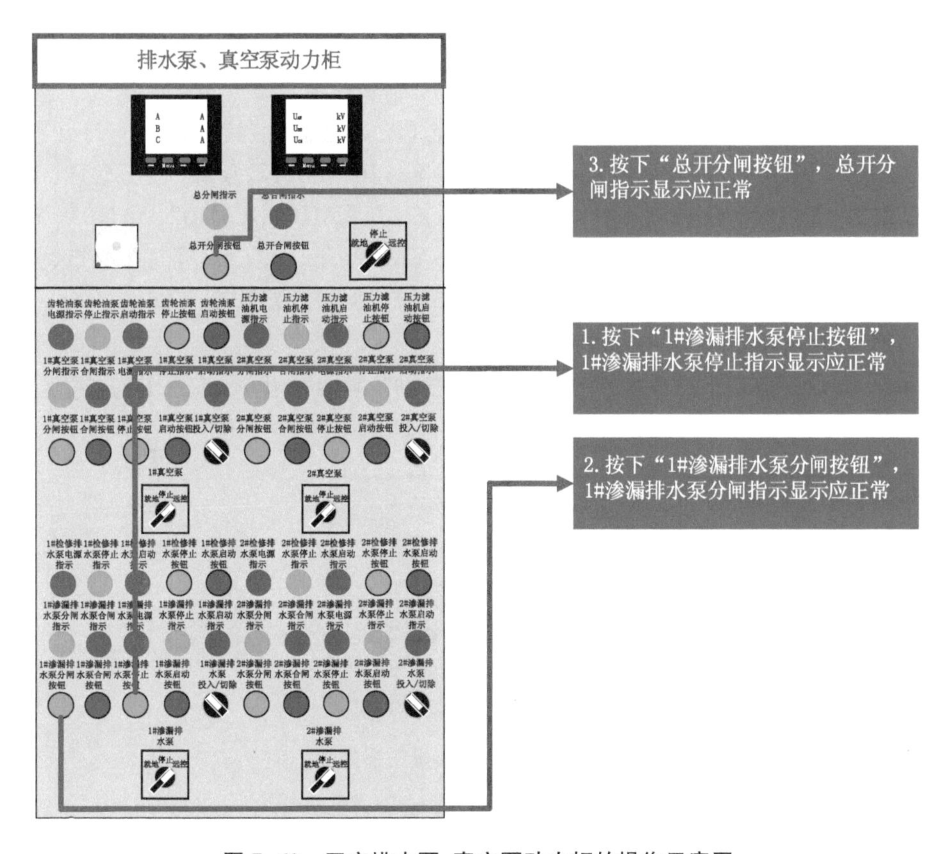

图 7-62 开启排水泵、真空泵动力柜的操作示意图

⑤ 至 0.4 kV 开关室的 D3 馈线柜，拉开排水泵动力柜进线开关分闸按钮，如图 7-63 所示。

注：2＃渗漏排水泵、1＃和 2＃检修排水泵的操作参照 1＃渗漏排水泵。

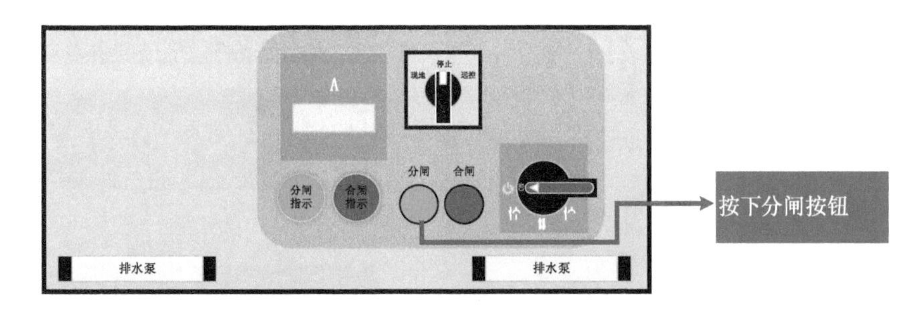

图 7-63 开启排水泵的操作图

(2) 检修排水

① 使用电动葫芦起吊检修闸门，关闭进水流道；

② 开启长柄阀(SZ117)，将流道中的水排至积水廊道；

③ 开启检修排水泵，排出积水廊道中积水；

④ 检修工作完成后，开启平水阀(SZ115、SZ116)；

⑤ 检修闸门内外侧水位基本齐平后，吊出检修闸门。

7.8.3 压力油系统操作

(1) 压力油系统闸阀操作

油压装置启动前,应检查油压装置上闸阀状态(以1#油压装置为例),应打开的闸阀:YZ101、YZ102、YZ104、YZ105、YZ108、YZ115、YZ116、YZ117、YZ118、YZ119、YZ120、YZ121、YZ122、YZ123、YZ124、YZ125、YZ126、YZ127、YM101、YM102、YH101、YH102、SZ118、SZ119;应关闭的闸阀:YZ103、YZ106、YZ107、YZ109、YZ110、YZ111、YZ112、YZ113、YZ114、YZ001、YZ002、YZ003、YS101、YS102、YS103、YD101、YD102、SZ120。

(2) 油压装置启动

① 至0.4 kV开关室的D4馈线柜,合上1#叶调装置进线开关,检查1#叶调装置控制柜的交流指示灯显示应正常。将冷却进、回水阀打开,泄压阀关闭,如图7-64所示;

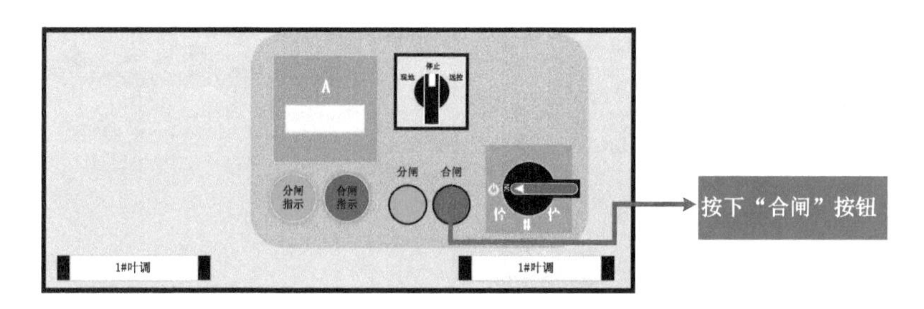

图7-64 开启油压装置的操作图

② 将1#油泵转换开关调至"自动1"位置,2#油泵转换开关调至"自动1"位置,冷却泵转换开关调至"自动"位置,1#油泵运行指示、2#油泵运行指示、冷却油泵运行指示显示应正常,如图7-65所示;

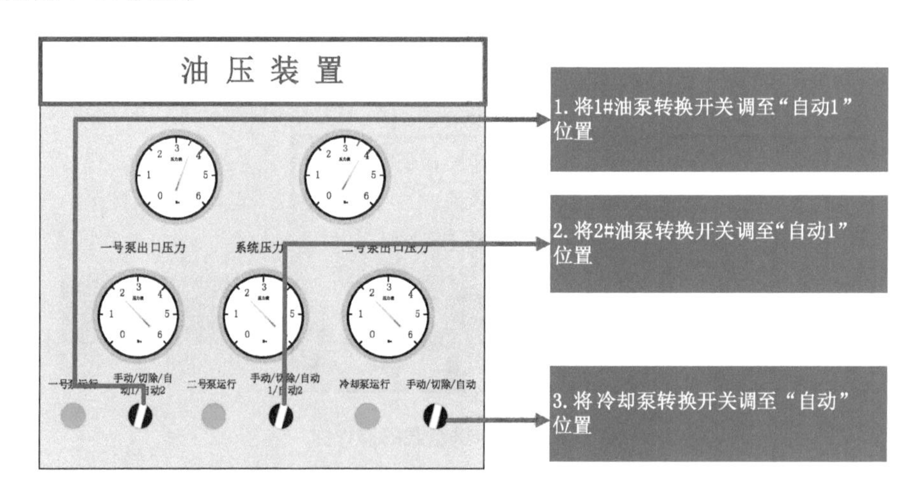

图7-65 油压装置启动的操作示意图

③ 打开主机(以1#主机为例)叶片调节机构的供油阀(YZ011),并打开排气阀,进行排气操作,完成后关闭排气阀,将叶片角度调至开机角度(−8°);

④ 主机正常运行后,根据要求调节叶片角度。

注:①工作模式有自动1和自动2两种模式,自动1为电气PLC控制,此时冷却油泵也必须调至自动控制位置,自动

2 为电接点压力表控制，冷却油泵无须调至自动控制位置。

②1＃油压装置对 1＃、2＃、3＃主机提供压力，2＃油压装置对 4＃、5＃主机提供压力，油压装置工作正常时，连通阀（YZ001、YZ002、YZ003）应关闭；1＃油压装置出现突发故障时，可先关闭闸阀（YZ104、YZ105、YZ121），再打开连通阀（YZ001、YZ002、YZ003），2＃油压装置可暂为 1＃、2＃、3＃主机提供压力；2＃油压装置出现突发故障时，可先关闭闸阀（YZ204、YZ205、YZ221），再打开连通阀（YZ001、YZ002、YZ003），1＃油压装置可暂为 4＃、5＃主机提供压力。

③启动油压装置，检查系统压力应正常。系统压力与油泵出口压力超过 1.0MPa 时（滤油器堵塞），应手动操作换向阀，切换滤油器。

（3）油压装置停止

① 将 1＃油泵转换开关调至“切除”位置，2＃油泵转换开关调至“切除”位置，冷却泵转换开关调至“切除”位置，1＃油泵运行指示、2＃油泵运行指示、冷却油泵运行指示显示应正常，如图 7-66 所示；

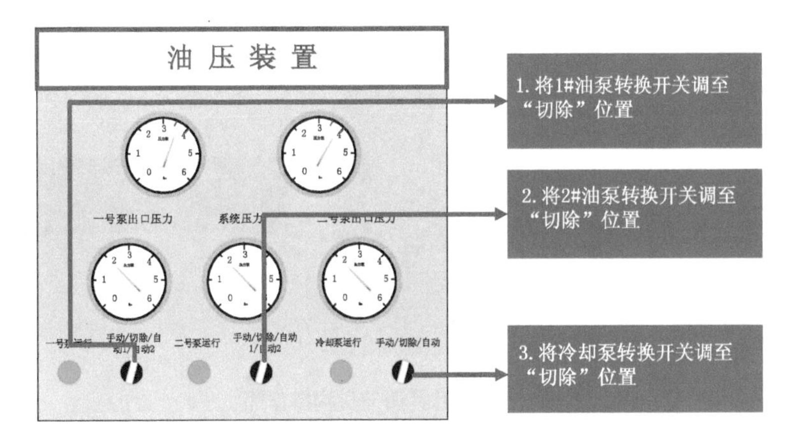

图 7-66　油压装置关闭的操作示意图

② 检查油泵停止正常，缓慢打开泄压阀（YZ103），关闭冷却水进（SZ118）、回水闸阀（SZ119）；

③ 关闭叶片调节装置供油阀（YZ011）；

④ 至 0.4 kV 开关室的 D4 馈线柜，拉开 1＃叶调装置进线开关分闸按钮，检查 1＃叶调装置控制柜的交流指示灯无显示，如图 7-67 所示。

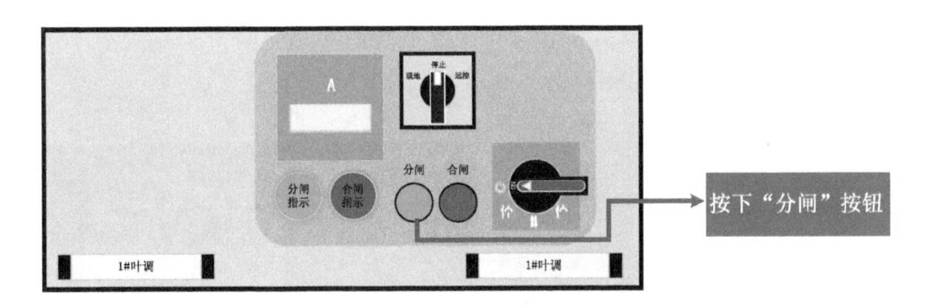

图 7-67　关闭油压装置的操作图

注：① 换向阀仅可在油泵不动作时换向；
② 定向阀在机组运行时，保持打开状态，在检修时可关闭；
③ 高压泄压阀在运行时，保持常闭状态，在停止运行后，将高压泄压阀旋转方向泄压。

(4) 叶片调节机构(如图 7-68 所示)

① 叶片角度调节;

② 将叶片调节转换开关调至“手动”位置;

③ 旋转叶片调节器;

④ 将叶片角度调至开机角度(−8°),关闭“排气阀”。

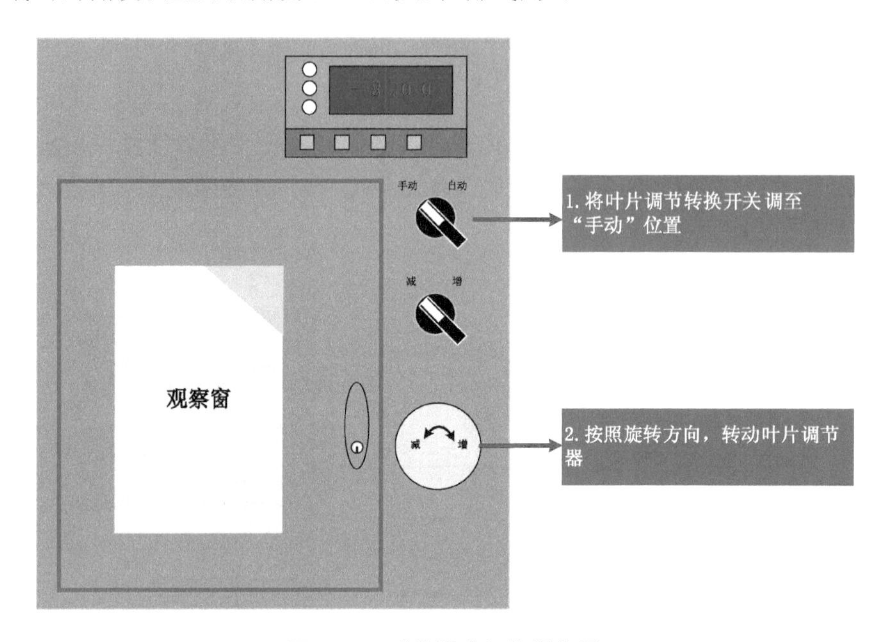

图 7-68 叶片调节机构操作图

(5) 电动油泵车与顶车装置

① 将电动油泵车移至联轴层机组附近;

② 将电动油泵车进油管与回油管与顶车装置液压母管连接(红色为回油管,白色为进油管,下机架无闸阀的为进油管,有闸阀的为回油管);

③ 使用钢直尺测量下机架与转子间的距离,并记录;

④ 连接电源,将钥匙旋转至总控位,电源指示灯显示应正常,如图 7-69 所示;

注:主机组停机 48 h 以上,开机前需将电机转子顶起。

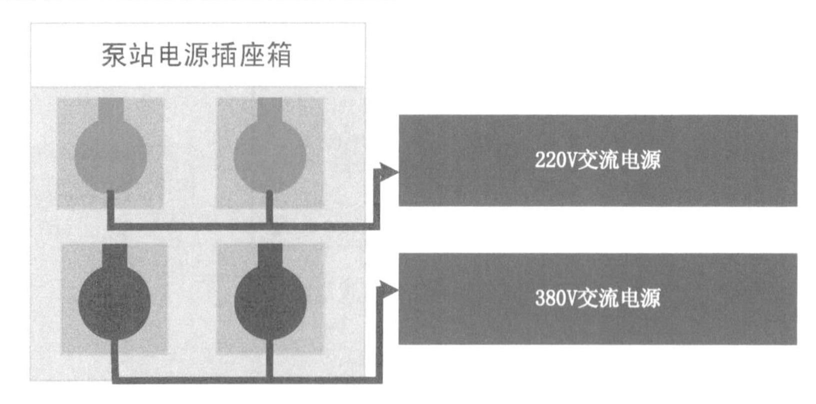

图 7-69 泵站电源插座箱所接的电源图

⑤ 顶车时，按下电动油泵车的“电机启动”按钮，启动电机，按住“油缸上升”按钮并保持，同时观察转子顶起高度，达到3～5 mm，松开“油缸上升”按钮，保持约5 min，使镜板与推力轴承之间形成一层油膜；

⑥ 完成顶车后，按住“油缸下降”按钮，同时观察转子与千斤顶回落，待千斤顶均回落原位后，松开“油缸下降”按钮，拆除进油管与回油管；

⑦ 按下“电机停止”按钮，检查电机应停止运转，将钥匙旋转关闭，检查电源指示灯应无显示，断开电源。

注：①拆除回油管时，需关闭闸阀，防止管内余压顶住顶珠，影响以后操作。

②运行过程中遇突发情况时，按下“急停”按钮，解除故障后，旋转“急停”按钮，可继续操作。

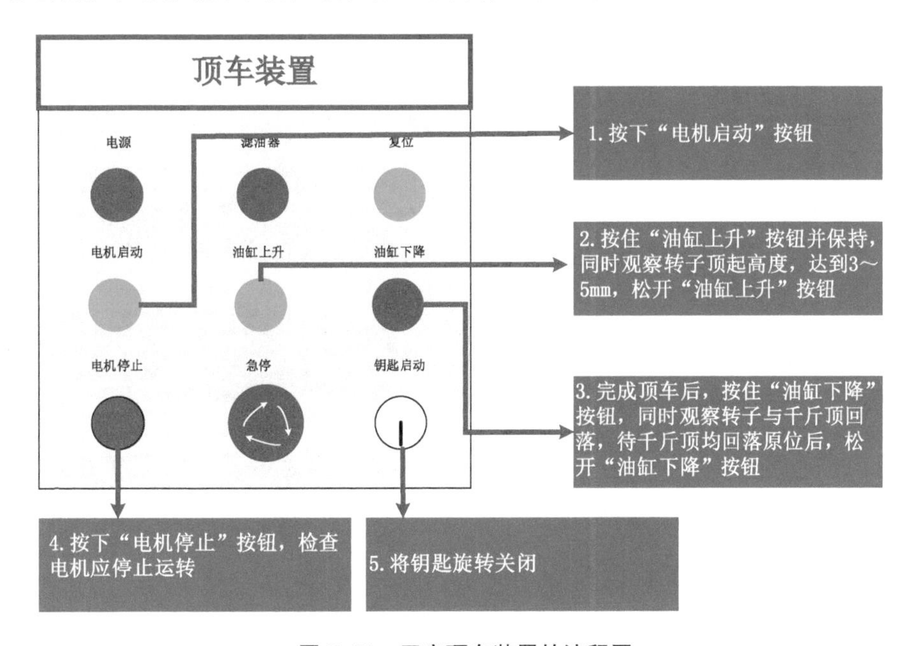

图 7-70　开启顶车装置的流程图

7.8.4　风机控制柜(箱)及风机操作

(1) 风机动力柜

① 主机风机启动

(a) 至0.4 kV开关室的D3馈线柜，合上风机动力柜进线开关合闸按钮(如图7-71所示)，检查主厂房风机动力柜的总开分闸指示显示应正常；

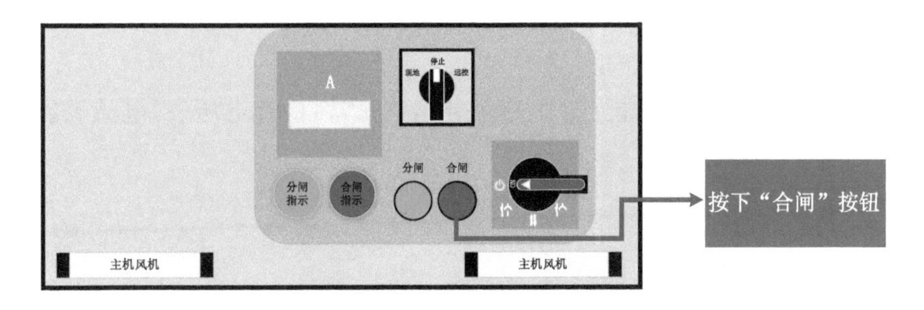

图 7-71　风机动力柜的开启操作图

(b) 将总开关“现地/远控”调至“现地”位置；

(c) 按下“总开合闸按钮”，总开合闸指示显示应正常，然后检查电压表、电流表数值读数正常(电压表数值约为220 V，此时电流表数值为0 A)；

(d) 检查1#风机电源指示显示应正常，将“1#风机现地/远控”调至“现地”位置；

(e) 按下“1#风机合闸按钮”，1#风机合闸指示显示应正常；

(f) 按下“1#风机运行按钮”，1#风机运行指示显示应正常；

(g) 检查1#风机启动应正常，如图7-72所示。

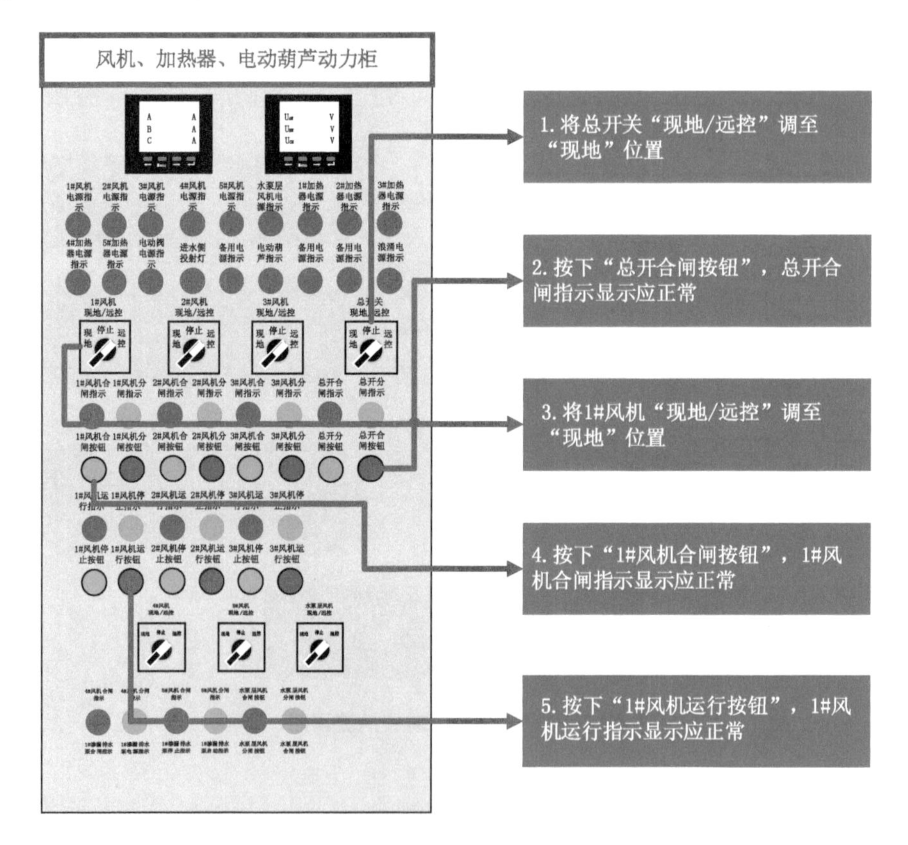

图7-72　开启风机动力柜的操作流程图

② 主机风机停止

(a) 按下“1#风机停止按钮”，1#风机停止指示显示应正常；

(b) 按下“1#风机分闸按钮”，1#风机分闸指示显示应正常；

(c) 检查1#风机应停止运行；

(d) 按下“总开分闸按钮”，总开分闸指示显示应正常，检查电压表、电流表数值应正常(电压表数值0 V，电流表数值0 A)；

注：2#至5#主风机启动操作同上。

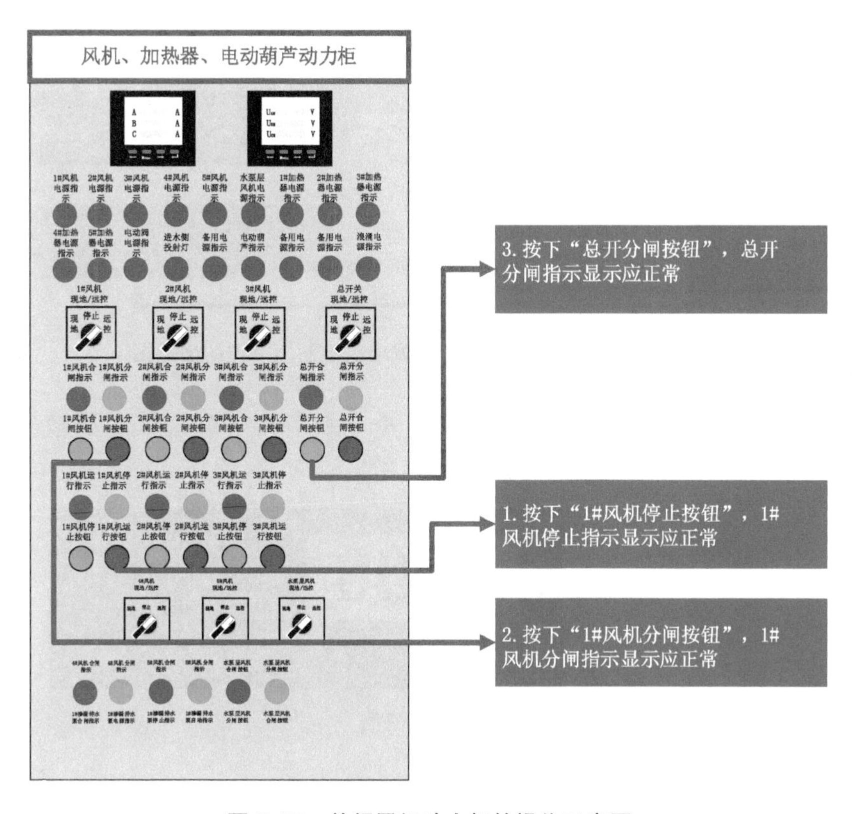

图 7-73　关闭风机动力柜的操作示意图

(e) 至 0.4 kV 开关室的 D3 馈线柜，拉开风机动力柜进线开关“分闸”按钮，检查主厂房风机动力柜的总开分闸指示显示应正常。

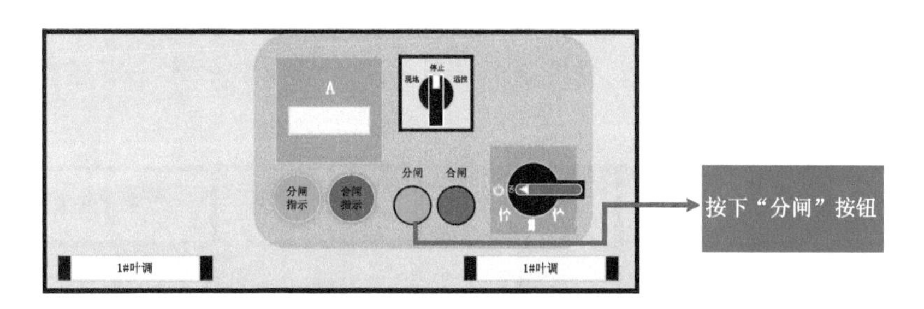

图 7-74　关闭风机动力柜进线开关的闸门示意图

(2) 水泵层风机，操作与主机操作相同。

8　水轮发电机操作

8.1　发电机控制柜操作

(1) 控制水轮发电机

① 功能设定按机组运行情况选择“常态”，如图 8-1 所示；

② 运行方式置于相应的档位“大网”，如图 8-1 所示；

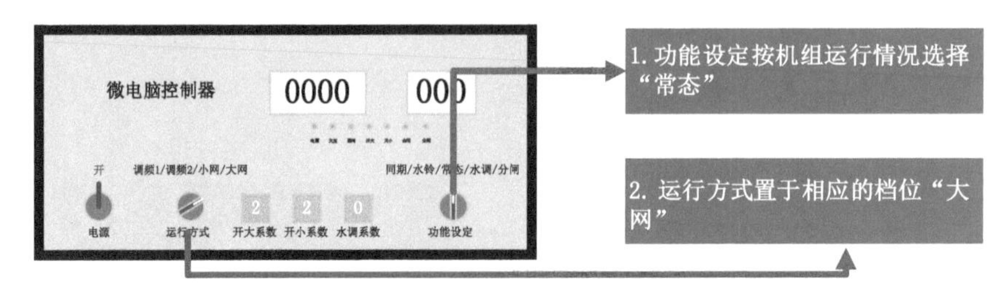

图 8-1　在微电脑控制器上控制发电机控制柜操作的操作图

③ 调速器开机，控制导叶开度，转速提升至 95%时(频率为 47.5Hz)，励磁系统手动投入如图 8-2 所示；

图 8-2　调速器开机的操作示意图

④ 同期装置检测机端电压与电网电压的幅值、频率、初相角符合并网条件。

8.2　励磁装置操作

(1) 至变电所直流电源柜，合上变电所 PLC 空气开关。

(2) 至水轮机控制室的励磁装置控制柜，打开柜门，合 1ZK、2ZK、3ZK 空气开关，如图 8-3所示。

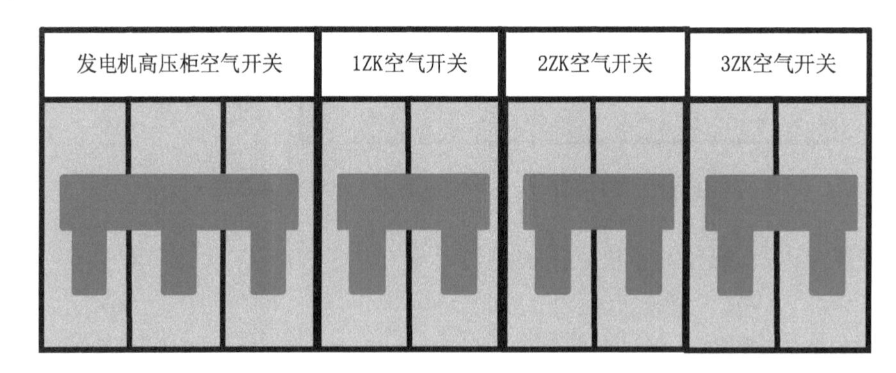

图 8-3　励磁装置的开关示意图

(3) 励磁投入

① 当转速达到 95%时，按下起励按钮；

② 检查触摸屏励磁装置数据，如图 8-4 所示。

图 8-4　查看触摸屏励磁装置的数据图

(4) 励磁停止

正常停机时，将发电机有功功率逐步减至 20%额定值时，按下停机按钮。

8.3　滤水器操作

(1) 至水轮发电机组控制室的 D11 馈线柜，将"现地/远控"转换开关调至"现地"位置，合上供水泵进线开关，按下"合闸"按钮(红色)，合闸指示灯(红色)显示应正常。

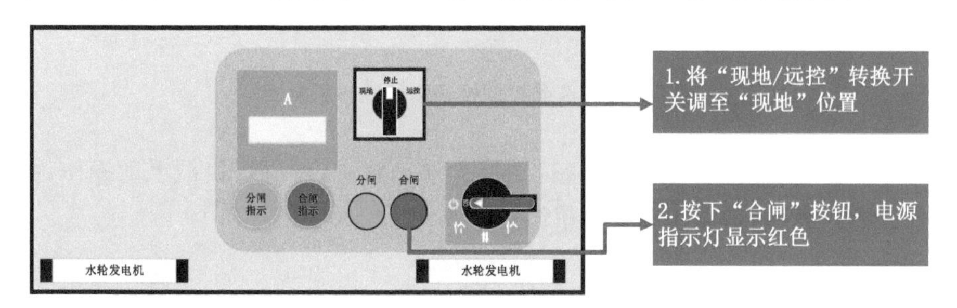

图 8-5　水轮发电机的操作示意图

(2) 将控制箱面板上"手动/停止/自动"转换开关调至"自动"位置。

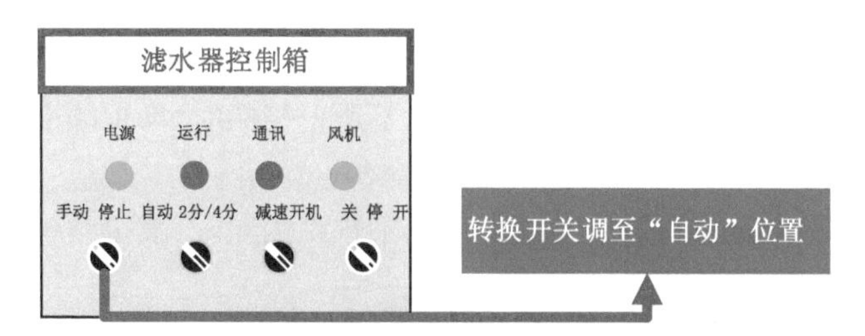

图 8-6　将滤水控制箱转化为自动的操作示意图

(3) 选择设备自动(自动运行反冲洗排污)的方式：

① 时间定时启动，出厂设定值为 120 min；

② 压力、差压信号启动，出厂设定值为 0.05 MPa。

(4) 观察管路中差压变化，反冲洗排污运行时间设置为 2 min。

8.4　调速器操作

(1) 至水轮发电机组控制室的 D12 馈线柜，将"现地/远控"转换开关调至"现地"位置，合上调速器进线开关，按下合闸按钮(红色)，合闸指示灯(红色)显示应正常。

(2) 至调速器控制柜,打开电柜柜门,合上"交流电源空气开关""直流电源空气开关"。检查调速器交流电源指示、调速器直流电源指示显示应正常。(交直流电源均可作为工作电源)。

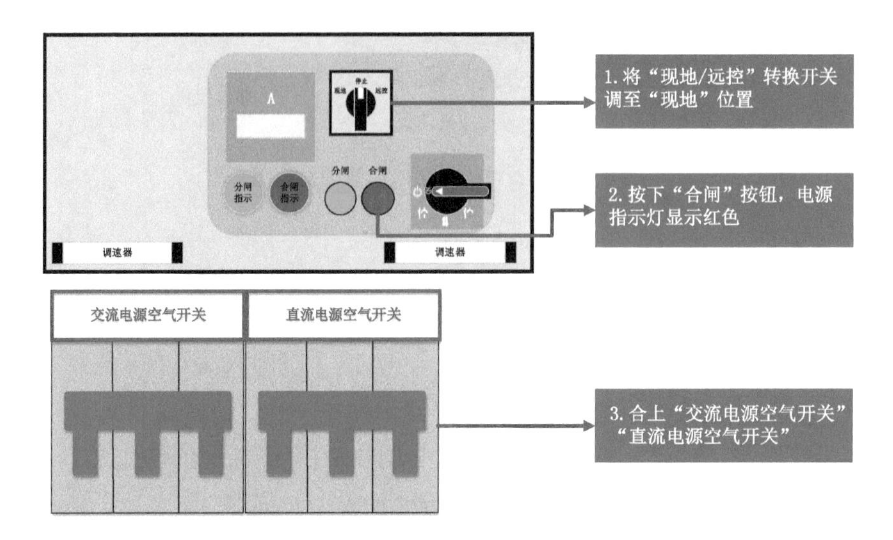

图 8-7 调速器控制柜开启的操作示意图

(3) 手动/自动切换:按下手动按钮,切换为手动状态,可进行机械手动操作;按下自动按钮,切换为自动状态,根据指令调节机组频率与负荷。

(4) 手动操作

① 开机:向内推动调速手柄(微调,及时观察液晶屏数值变化),控制接力器至某一空载开度,使机组频率为 50 Hz;

② 关机:向外拉动调速手柄(微调,及时观察液晶屏数值变化),控制接力器至零开度,机组降速停机。

(5) 电柜操作

① 增给定:按下"增给定"按钮,机组空载且不跟踪网频时,增加频率给定;机组并网时,增加功率给定(开度给定),如图 8-8 所示。

② 减给定:按下"减给定"按钮,机组空载且不跟踪网频时,减少频率给定;机组并网时,减少功率给定(开度给定),如图 8-8 所示。

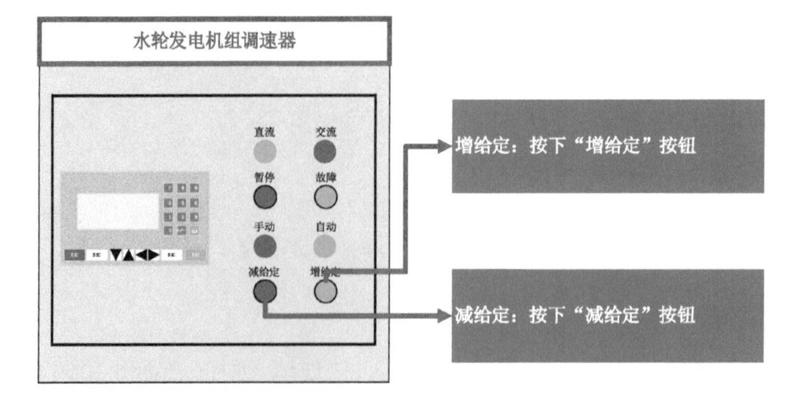

图 8-8 水轮发电机组调速器的调速按钮操作图

注：① 紧急停机阀在正常情况下，处于复归状态，油路不通；紧急停机时，控制液压缸紧急停机。该阀两端有手动应急按钮，在无直流电源等情况下，可直接用手操作。

② 紧停：按外侧紧急停机阀的按钮，控制接力器在整定的时间内，最快速度停机。

③ 复归：按外侧紧急停机阀的按钮，使接力器能够正常开机。

④ 增负荷：机组并网后，向内推动调速手柄，增加机组负荷。

⑤ 减负荷：机组并网后，向外拉动调速手柄，减少机组负荷。

8.5 空压机操作

至水轮发电机组控制室的D12馈线柜，将“现地/远控”转换开关调至“现地”位置，合上空压机进线开关，按下合闸按钮(红色)，合闸指示灯(红色)显示应正常，如图8-9所示。

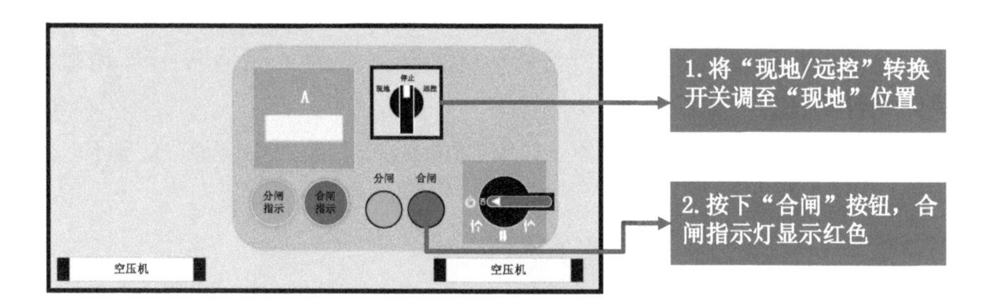

图8-9 将空压机转化为现地操作的操作图

(1) 至空压机控制柜，电源指示灯显示应正常，检查控制面板显示。

(2) 点动空压机，检查转向是否正确(箭头方向)。

(3) 按下“START”按钮，空压机开始运转，在10 s内，压力表指针应该动作，显示空压机已经开始升压，否则应立即停机。

(4) 按下“STOP”按钮，泄放电磁阀失电而打开泄放管路并关闭进气阀，如图8-10所示。

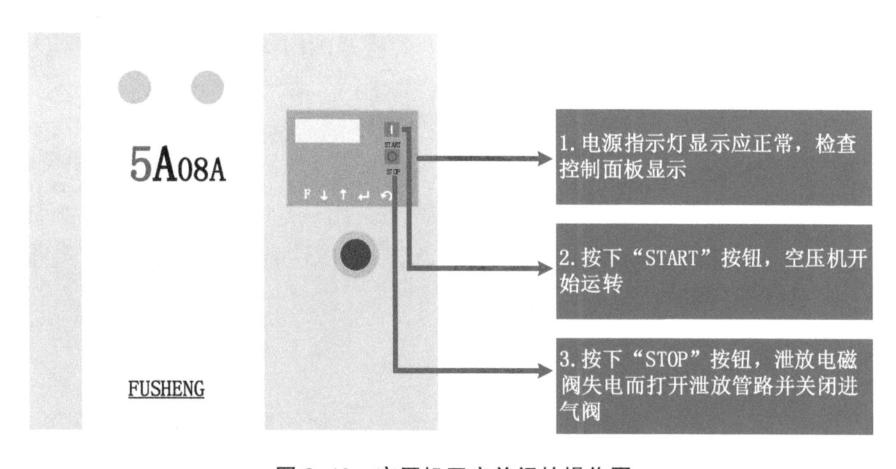

图8-10 空压机开启关闭的操作图

(5) 空压机压力下降至0.3 MPa，约10 s，自动切断主电机电源。

8.6 水轮发电机供排水系统闸阀操作

8.6.1 供水系统

(1) 供水泵开启前,应打开电动阀(SD102),并确认电动阀达到全开状态(以开启1#水轮发电机为例)。

(2) 检查系统闸阀开、闭状态,应打开的闸阀有:SZ023、SZ024、SZ025、SZ026、SZ027、SZ028、SZ029、SZ031、SZ032、SZ034、SZ035、SZ036、SZ037、SZ038、SZ039、SJ101、SJ103、SJ104、SJ105、SJ107、SJ108、SD102、SH007、SH008、SH009、SH010、SH011、SH012、SD001、SD002;应关闭的闸阀有:SZ030、SZ033、SZ140、SZ141、SJ102、SJ106。

(3) 开启供水泵,检查技术供水压力、滤水器、电动阀、示流信号器应工作正常,若出现异常,应打开旁路闸阀,确保技术供水正常;若上油缸回水侧示流信号器显示红灯,应打开SJ106后,关闭SJ105、SJ107。

(4) 供水泵轮换使用时,应打开SZ024、SZ026、SZ028、SZ032、SZ034、SH008,开启2#供水泵后,关闭1#供水泵。

8.6.2 排水系统

(1) 日常排水

① 开启1#渗漏排水泵前,确认闸阀状态,应打开的闸阀有:SZ036、SH009;

② 当水位达到7.5 m时,1#渗漏排水泵自动开启;

③ 渗漏排水泵轮换使用时,应打开SZ037、SH010,开启2#渗漏排水泵后,关闭1#渗漏排水泵。

(2) 检修排水

① 使用电动葫芦放下检修闸门;

② 打开蜗壳排水阀SZ141,将水排至流道中,打开检修阀SZ140,将流道中的水排至集水井中;

③ 开启检修排水泵,将集水井中的水排至检修水位;

④ 检修工作完成后,用电动葫芦缓慢提起上游检修闸门约10 cm,将水放到流道中;

⑤ 检修闸门内外侧水位基本齐平后,提出检修闸门。

8.7 水轮发电机组油系统闸阀操作

(1) 打开进油阀(以1#水轮发电机组为例):YJ101、YJ102,关闭回油和溢油阀:YJ103、YJ104、YJ106和YJ105,将油注入上、下油缸,油位达到油杯标线时,关闭进油阀。

(2) 检修时,关闭进油阀,打开回油和溢油阀。

8.8 水轮发电机组气系统闸阀操作

(1) 空压机开启前,检查系统闸阀开、闭状态,打开闸阀(以1#水轮机为例):QJ004、QJ005、QJ007、QJ102、QJ104、QJ106、QJ108、QH001、QH002;关闭闸阀:QJ006、QJ103、QJ105、QJ107、QJ109、QS001、QD101。

(2) 开启空压机。

(3) 管道压力达到0.7 MPa时,空压机自动停止。

(4) 当需要制动时,可自动操作或手动打开电磁阀 QD101、QD201 制动。

8.9 水轮发电机组开停机操作

8.9.1 开机操作

(1) 将挡洪闸中孔、进水闸闸门开启到最大开度,放下挡洪闸下游侧清污机。

(2) 送辅机设备电源并投入运行,观察供水压力(压力范围 0.25 MPa 左右)、制动母管压力(压力范围 0.6~0.8 MPa),导叶在全关状态,制动器在复位状态。

(3) 至空箱岸墙启闭机控制柜,将水轮机进水闸门全开。

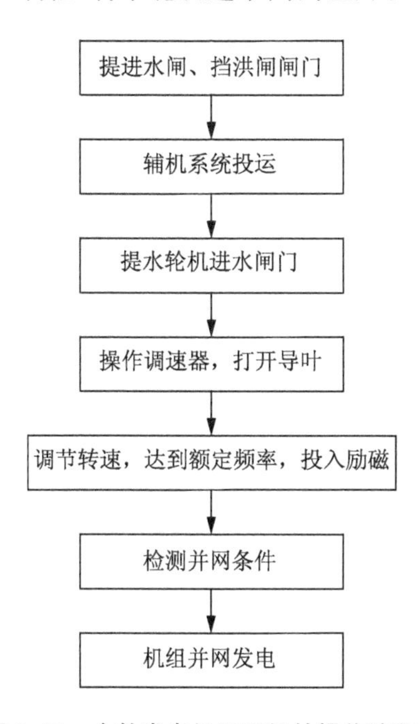

图 8-11 水轮发电机组开机的操作流程图

(4) 调节调速器,控制导叶开度,转速提升至 95%时(频率约为 47.5 Hz),励磁系统自动投入。

(5) 同期装置检测机端电压与电网电压的幅值、频率、初相角符合并网条件。

(6) 机组运行正常 10 min 后,合水轮发电机断路器,并网发电。

8.9.2 停机操作

(1) 撤网,分水轮发电机断路器。

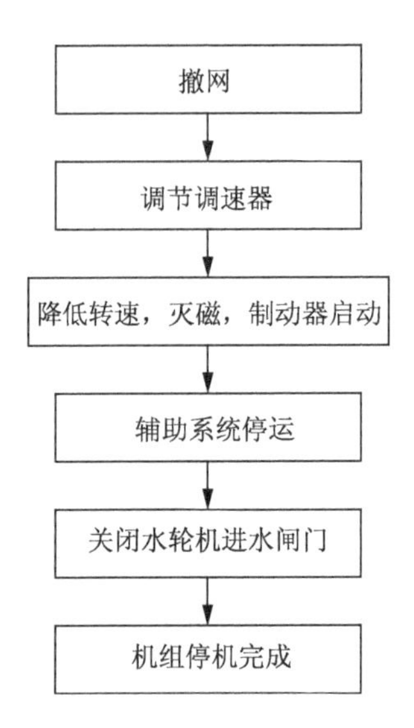

图 8-12　水轮发电机组停机的操作流程图

(2) 调节调速器,降低转速。

(3) 转速降至 30%额定转速时(频率约为 15 Hz),励磁系统切出,制动器制动。

(4) 辅助系统停运。

(5) 至空箱岸墙启闭机控制柜,将水轮机进水闸门关闭。

8.9.3　紧急停机

需紧急停机时,应立即在发电机控制柜按下紧急停机按钮,断路器自动跳闸、导叶自动关闭、水轮机进水闸门自动关闸。

9　自动化控制

9.1　登录系统

(1) 打开上位机后,系统自动启动,进入启动页;

(2) 点击右下角设置图标进入登录界面(如图 9-1 所示);

(3) 输入“用户名”“密码”,登录系统;

(4) 不登录会以游客身份进入系统,仅可浏览查看数据。

图 9-1　自动化控制系统的登录界面图

9.2 运行监控模块操作

9.2.1 调水主接线图

(1) 在系统标题栏右上角“运行监控”下方出现的分栏里单击“调水”进入“调水主接线”画面(如图 9-2 所示);

(2) 在“调水主接线”画面中单击 701 开关,即可进入“调水送电流程”画面,进行“主电源投入”一键操作;

(3) 在“调水主接线”画面中单击 139 开关,即可进入“调水退电流程”画面,进行“主电源切出”一键操作;

(4) 在“调水主接线”画面中单击 111 开关,即可进入“1#主机调水开机流程”画面,进行“1#主机调水开机”一键操作。

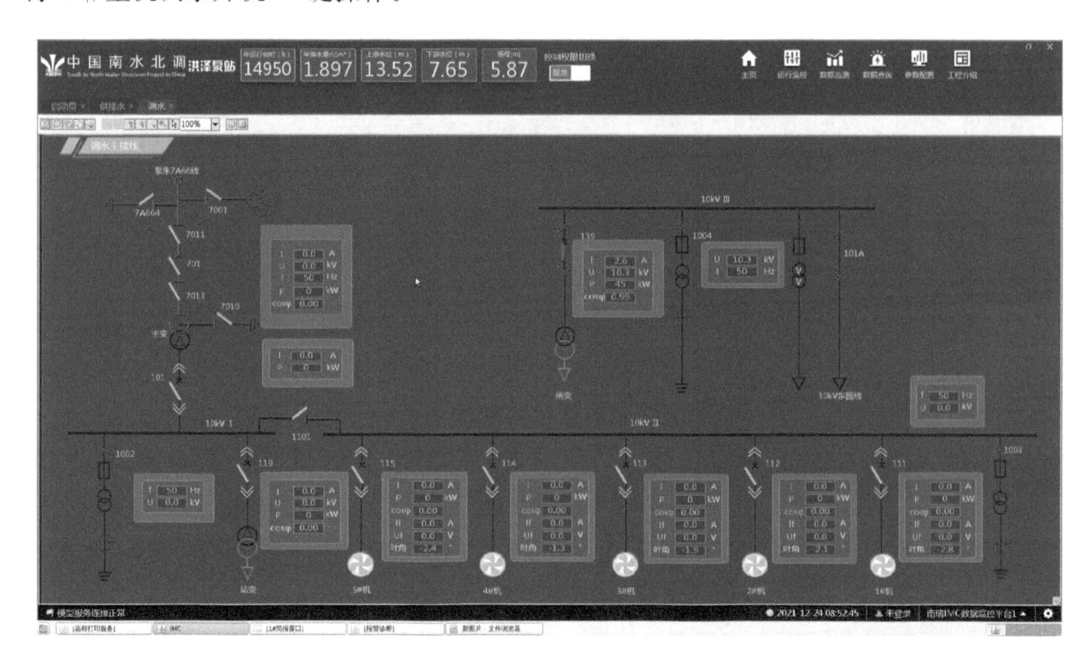

图 9-2 调水主接线系统示意图

9.2.2 发电主接线图

(1) 在系统标题栏右上角“运行监控”下方出现的分栏里单击“发电”进入“发电主接线”画面(如图 9-3 所示);

(2) 在“发电主接线”画面中单击 117 开关,即可进入“变频机组开机流程”画面,进行“变频机组开机”一键操作;

(3) 在“发电主接线”画面中单击 116 开关,即可进入“变频机组停机流程”画面,进行“变频机组停机”一键操作;

(4) 其他操作参考“调水主接线图”。

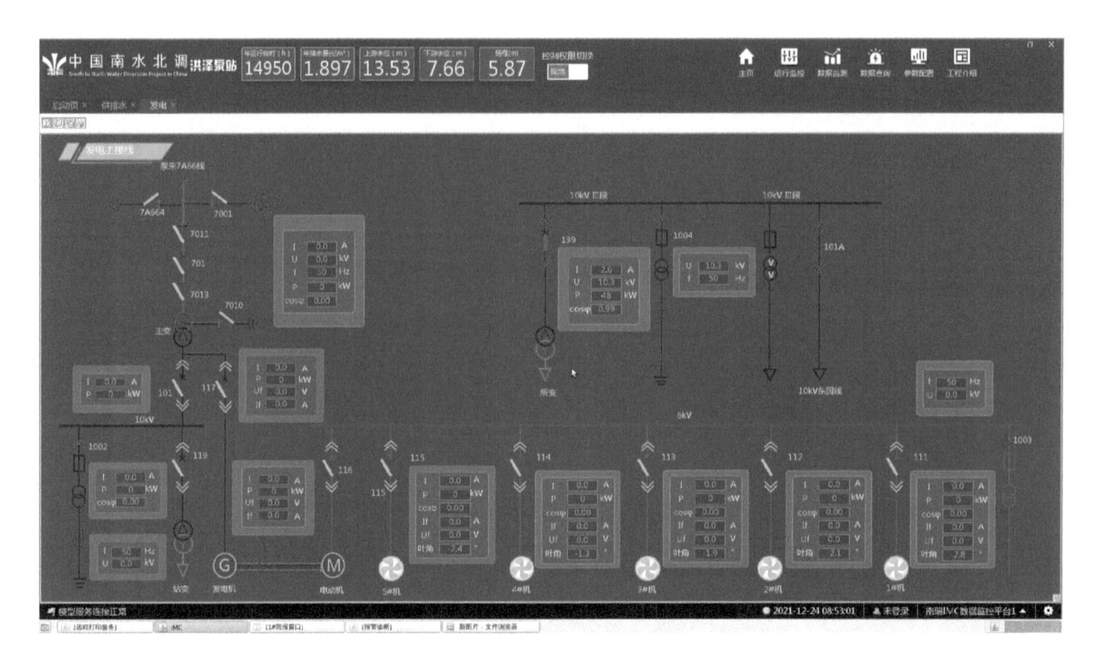

图 9-3　发电主接线系统示意图

9.2.3　水电站主接线图

（1）在系统标题栏右上角“运行监控”下方出现的分栏里单击“水电站”进入“水电站主接线”画面(图 9-4)；

（2）在“水电站主接线”画面中“进水门”“励磁控制”“调速器”操作参考“单步控制”“闸门控制”模块。

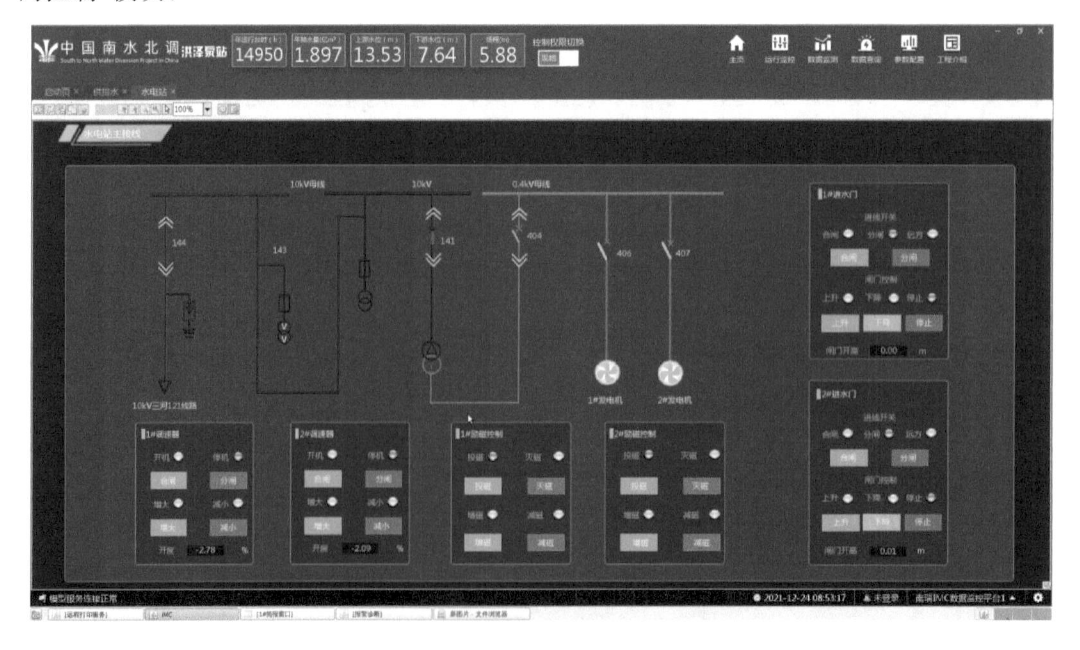

图 9-4　水电站主接线系统示意图

9.2.4 泵站 0.4 kV

(1) 在系统标题栏右上角“运行监控”下方出现的分栏里单击“泵站 0.4 kV”进入“泵站 0.4 kV 主接线”画面(如图 9-5 所示);

(2) 在下方的操作栏的红绿按钮分别控制相应断路器的分/合闸,以“4021,1＃励磁”为例,首先至低压室将“1＃励磁”抽屉开关控制方式切换至“远方”,在画面上点击“合闸”,在弹出的复选框点击“确定”按钮,“4021”断路器合闸且刀闸位置变为合位,刀闸颜色变为红色;

(3) “分闸”操作参照“合闸”。

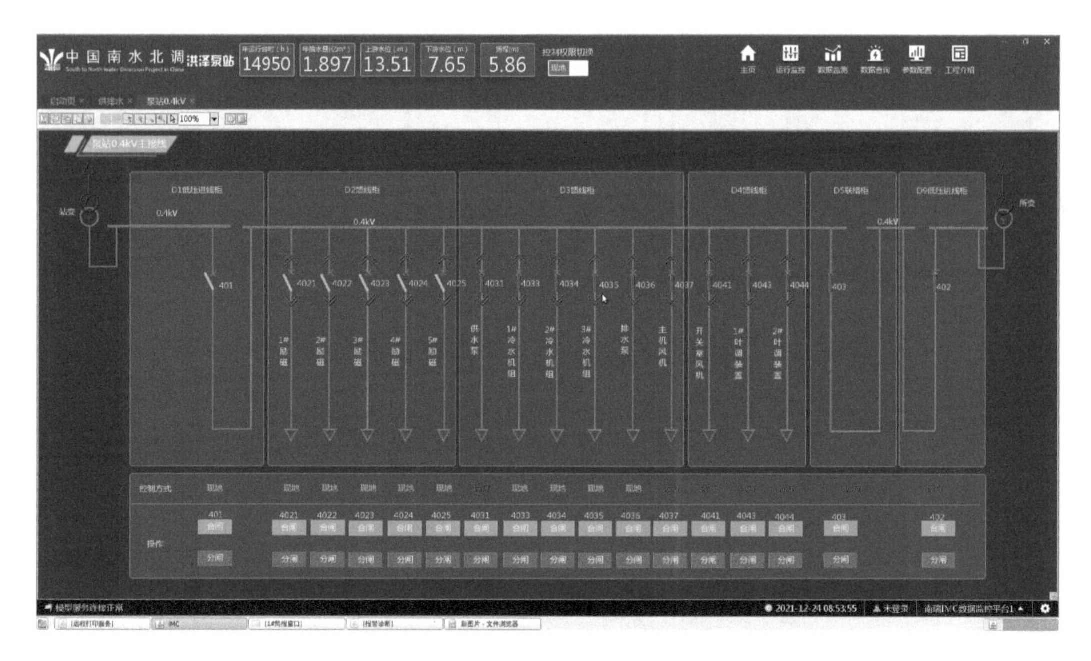

图 9-5　泵站 0.4 kV 系统操作的示意图

9.2.5 水电站 0.4 kV

(1) 在系统标题栏右上角“运行监控”下方出现的分栏里单击“水电站 0.4 kV”进入“水电站 0.4 kV 主接线”画面(如图 9-6 所示);

(2) 在下方的操作栏的红绿按钮分别控制相应设备的启动/停止,以“4312,1＃供水泵”为例,首先至水轮机开关室将“1＃供水泵”抽屉开关控制方式切换至“远方”,在画面上点击“启动”,在弹出的复选框点击“确定”按钮,“1＃供水泵”启动且断路器位置变为合位,断路器颜色变为红色;

(3) “停止”操作参照“启动”。

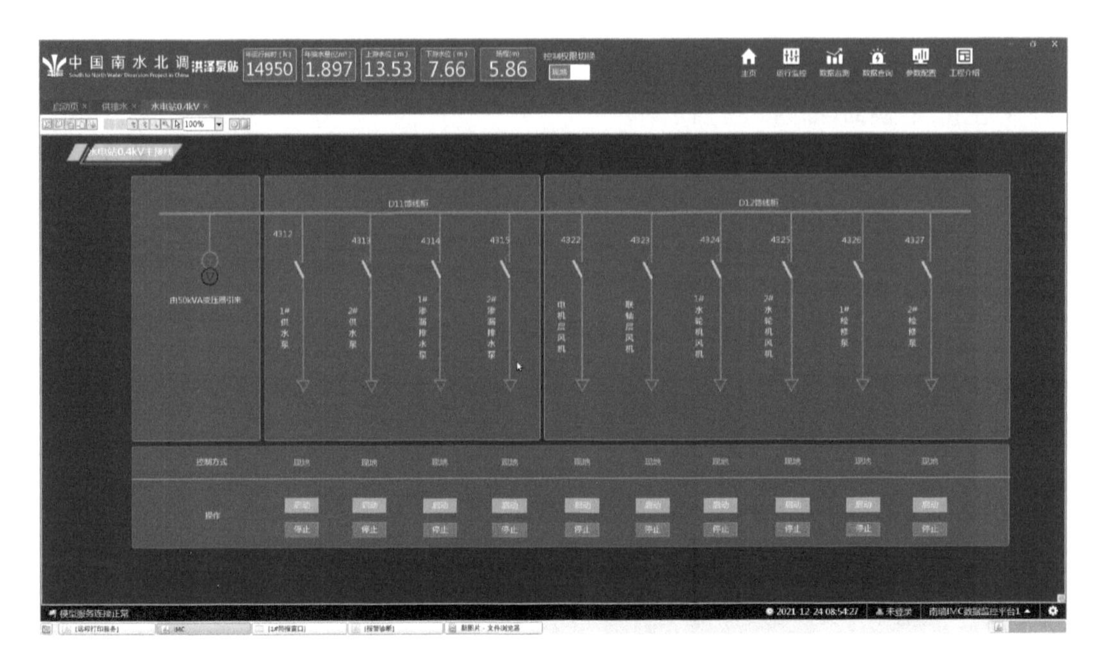

图 9-6　水电站 0.4 kV 系统操作的示意图

9.2.6　供排水

(1) 在系统标题栏右上角“运行监控”下方出现的分栏里单击“供排水”进入“供排水”画面。

(2) 点击“供水泵控制”按钮，进入供水泵控制画面(如图 9-7 所示)，点击“动力柜进线”中的“进线合闸”按钮，将总进线合闸：以 1＃供水泵投入为例，点击“进线合闸”按钮将 1＃供水泵进线合闸，点击“启动”按钮 ，1＃供水泵启动；在变频模式下，点击“目标频率方框”，设定 1＃供水泵运行频率；1＃供水泵切出则反向操作。

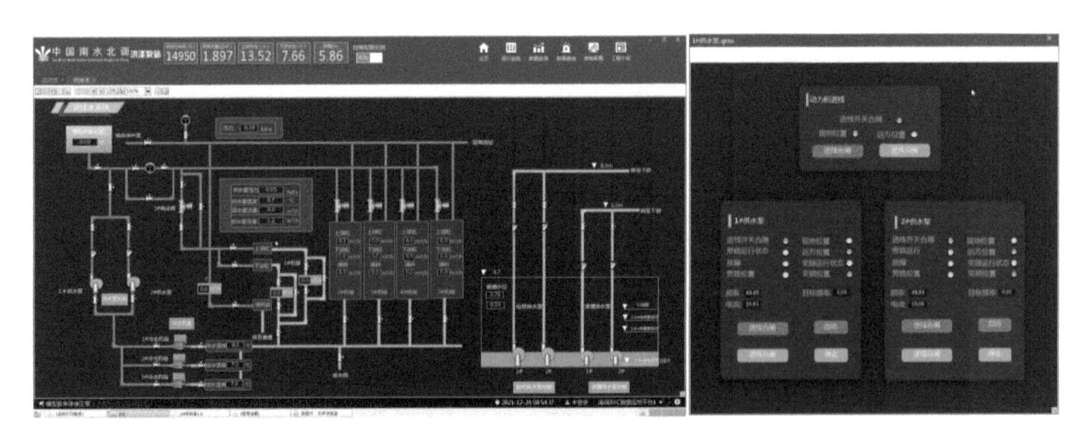

图 9-7　供水系统操作的示意图

(3) 点击“冷水机组”按钮，进入冷水机组控制画面，以 1＃冷水机组投入为例，点击“启动”按钮将 1＃冷水机组启动，点击“制冷温度设定方框”，设定 1＃冷水机组出水温度；1＃冷水机组切出则反向操作(如图 9-8 所示)。

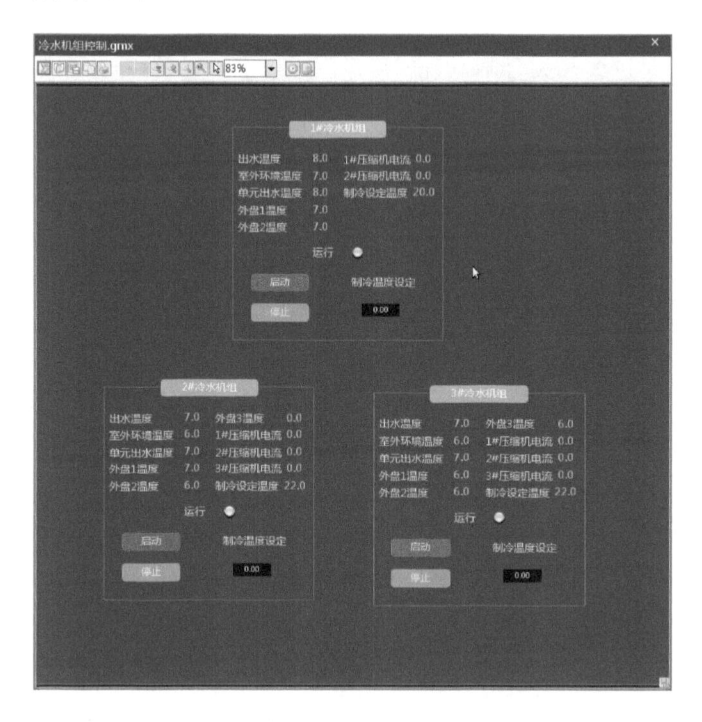

图 9-8　冷水机组系统操作的示意图

(4) 点击“检修排水泵控制”按钮,进入检修排水泵控制画面,以 1＃检修排水泵投入为例,点击“启动”按钮将 1＃检修排水泵启动;1＃检修排水泵切出则反向操作(如图 9-9 所示)。

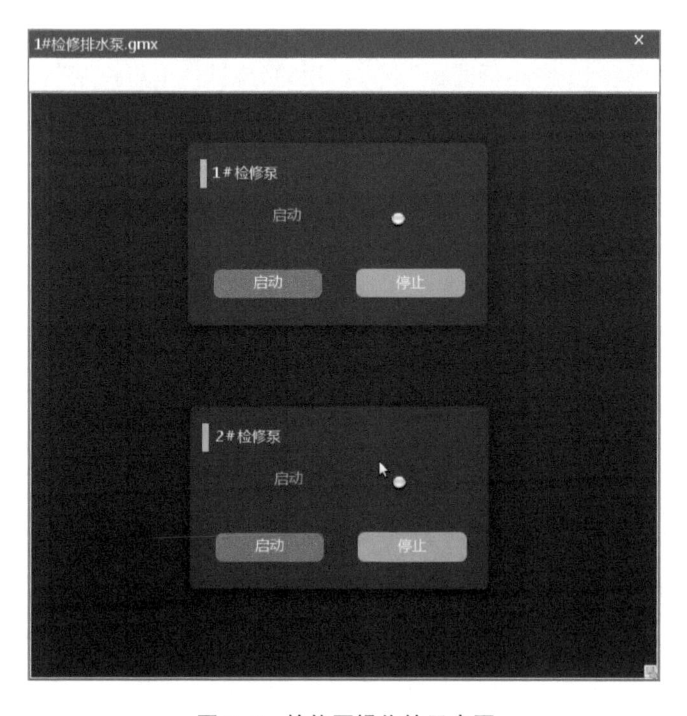

图 9-9　检修泵操作的示意图

(5) 点击"渗漏排水泵控制"按钮，进入渗漏排水泵控制画面(如图 9-10 所示)，点击"动力柜进线"中的"进线合闸"按钮，将总进线合闸：以 1＃渗漏排水泵投入为例，点击"进线合闸"按钮将 1＃渗漏泵进线开关合闸，点击"启动"按钮将 1＃渗漏排水泵启动；1＃渗漏排水泵切出则反向操作。

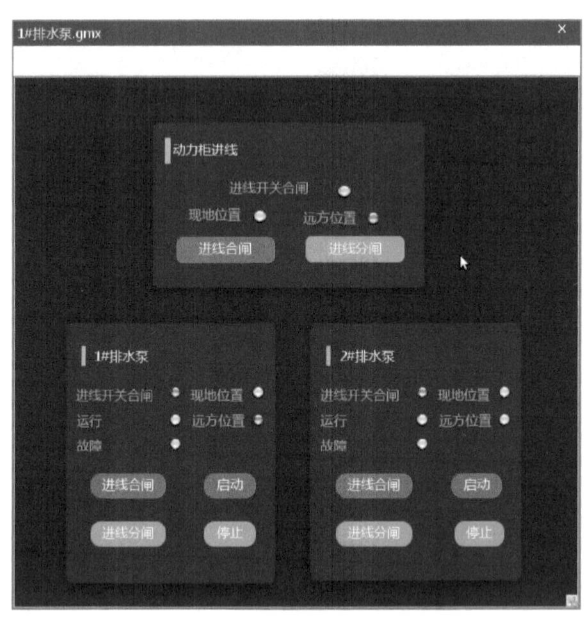

图 9-10　渗漏排水泵操作的示意图

9.2.7　单步控制

(1) 高压控制

① 在系统标题栏右上角"运行监控"下方出现的分栏里"单步控制"右侧单击进入"高压控制"画面(如图 9-11 所示)。

② 以 7001 刀闸为例，点击"7001"刀闸图标，弹出 7001 刀闸操作框，点击"合闸"，在弹出的复选框点击"确定"按钮，则"7001 刀闸"合闸，刀闸位置变为合闸位，颜色变为红色；7001 刀闸分闸则反向操作。

③ 此模块的刀闸及断路器操作不走流程或操作票，需操作人员具有单步操作的权限。

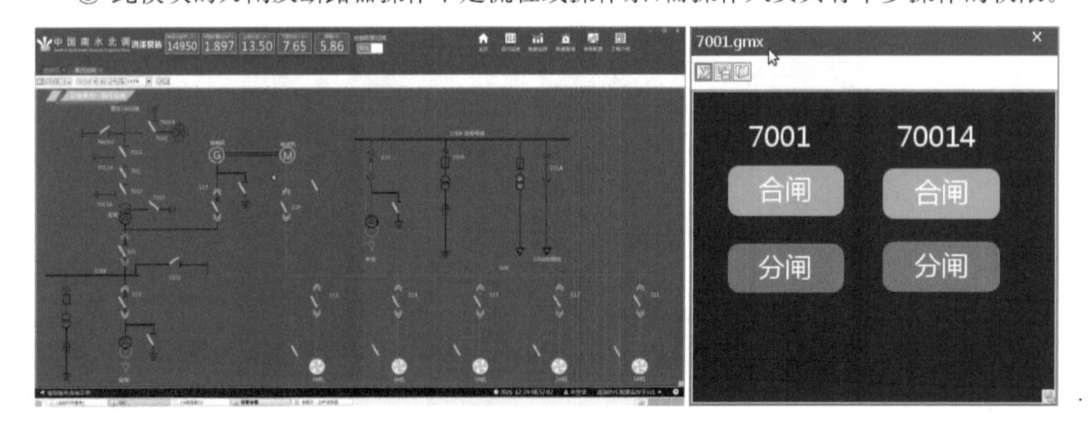

图 9-11　高压控制系统操作的示意图

（2）励磁系统

① 在系统标题栏右上角“运行监控”下方出现的分栏里“单步控制”右侧单击进入“励磁系统”画面（如图 9-12 所示）。

② 以“1＃励磁”调试投入为例，点击空气开关“合闸”按钮，弹出复选框，点击“确定”按钮，1＃励磁空气开关合闸；点击“调试”按钮，将励磁工况切换为“调试模式”；点击“投磁”按钮，励磁电流方框中显示当前的励磁电流数值，点击“增磁”按钮增大励磁电流，点击“减磁”按钮减小励磁电流；调试结束，点击“灭磁”按钮，点击“工作”按钮，则 1＃励磁调试结束，准备就绪。

③ “励磁工况”在工作模式下，不允许点击“投磁”按钮。

图 9-12　励磁系统操作的示意图

（3）风机系统

① 在系统标题栏右上角“运行监控”下方出现的分栏里“单步控制”右侧单击进入“风机系统”画面（如图 9-13 所示）。

② 以“1＃主机风机”投入为例，点击“主风机动力柜”中的 “进线合闸”按钮，弹出复选框，点击“确定”按钮，主风机动力柜合闸；点击“1＃主风机”中“启动”按钮，1＃主机风机启动；点击“1＃主风机”中“停止”按钮，1＃主机风机停止。

③ 其他主机风机，开关室风机操作参照执行。

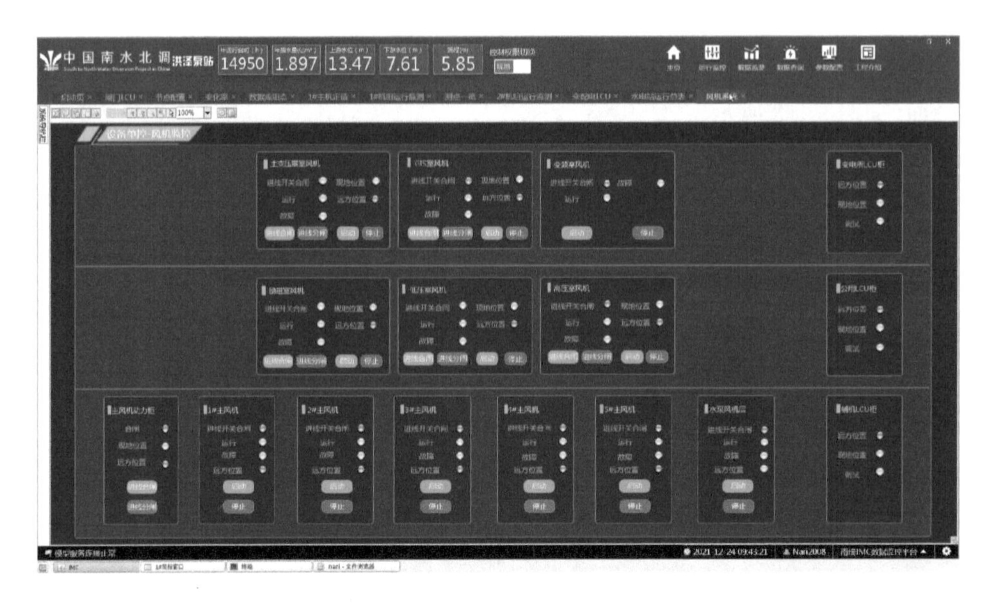

图 9-13　风机系统操作的示意图

(4) 油、气系统

① 在系统标题栏右上角“运行监控”下方出现的分栏里“单步控制”右侧单击进入“油、气系统”画面(如图 9-14 所示)。

② 以“1＃机组”叶片角度调节为例,点击“给定角度”方框,弹出复选框,输入设定角度数值,点击“设置确定”按钮,1＃机组叶片角度开始调整到设定角度;单击“增大/减小”箭头,可以微调 1＃机组叶片角度。

③ 以“1＃真空泵”投入为例,点击“进线合闸”按钮,再点击“启动”按钮,1＃真空泵启动;1＃真空泵切出则反向操作。

④ 稀油站投入操作,点击“启动”按钮,稀油站启动,点击“停止”按钮,稀油站停止。

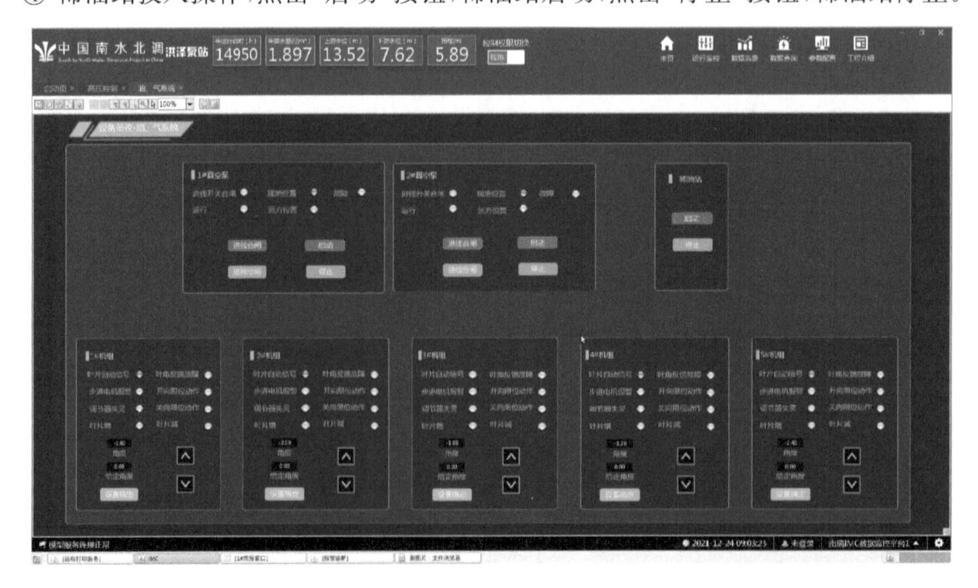

图 9-14　油、气系统操作的示意图

9.2.7 闸门控制

(1) 在系统标题栏右上角“运行监控”下方出现的分栏里有“闸门控制”选项，右侧单击进入“挡洪闸”控制画面(如图 9-15 所示)。

(2) 以控制 1＃闸门为例，在“低压进线开关”中点击“合闸”按钮，给低压配电柜送电；“启闭机电源开关”中点击“合闸”按钮，给启闭机抽屉开关送电；点击“1＃闸门”绿色方框，进入 1＃闸门控制画面。

(3) 在“挡洪闸 1＃闸门”控制画面，点击“进线合闸”按钮，给 1＃启闭机控制柜送电；点击“目标开度设置”方框，输入数值，点击“设置确定”按钮，闸门将自动调整至设定开度。

(4) 在“挡洪闸 1＃闸门”控制画面，点击“上升”按钮，1＃闸门上升；点击“下降”按钮，1＃闸门下降；点击“停止”按钮，1＃闸门停止。

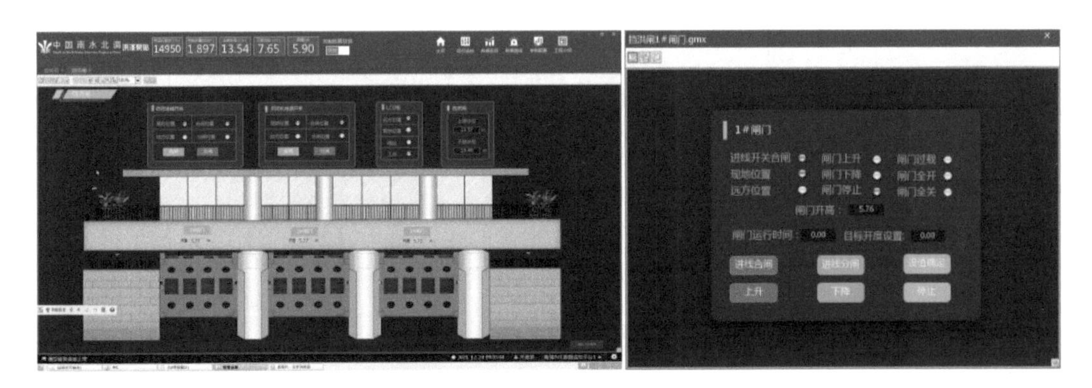

图 9-15 闸门控制系统操作的示意图

(5) 进水闸、其他闸门参照此操作。

附录 A

A.1 洪泽泵站电气主接线图

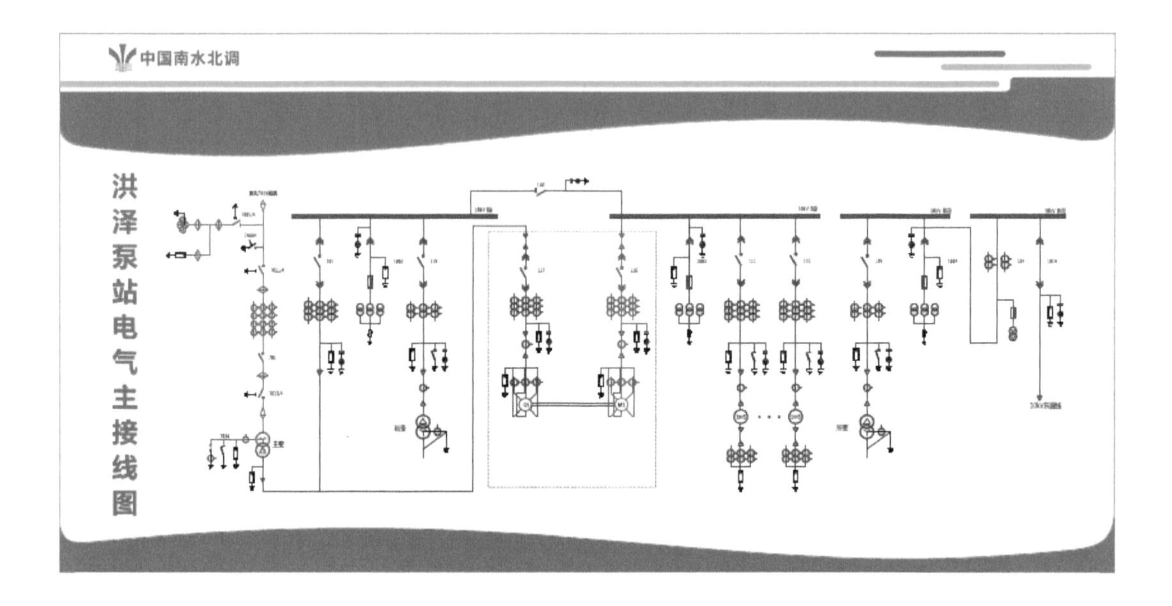

A.2 洪泽泵站供排水系统图

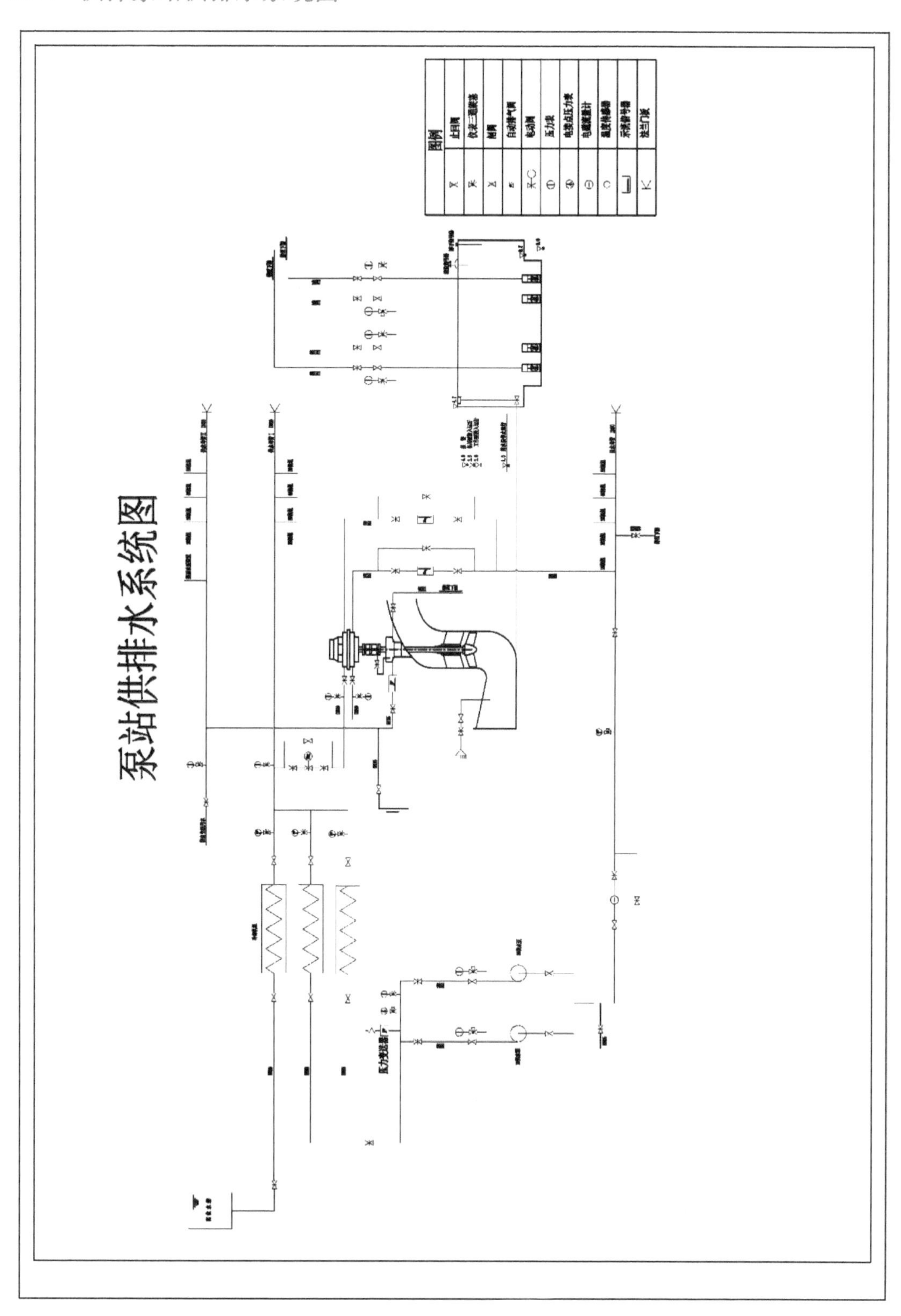

A.3 洪泽泵站压力油系统图

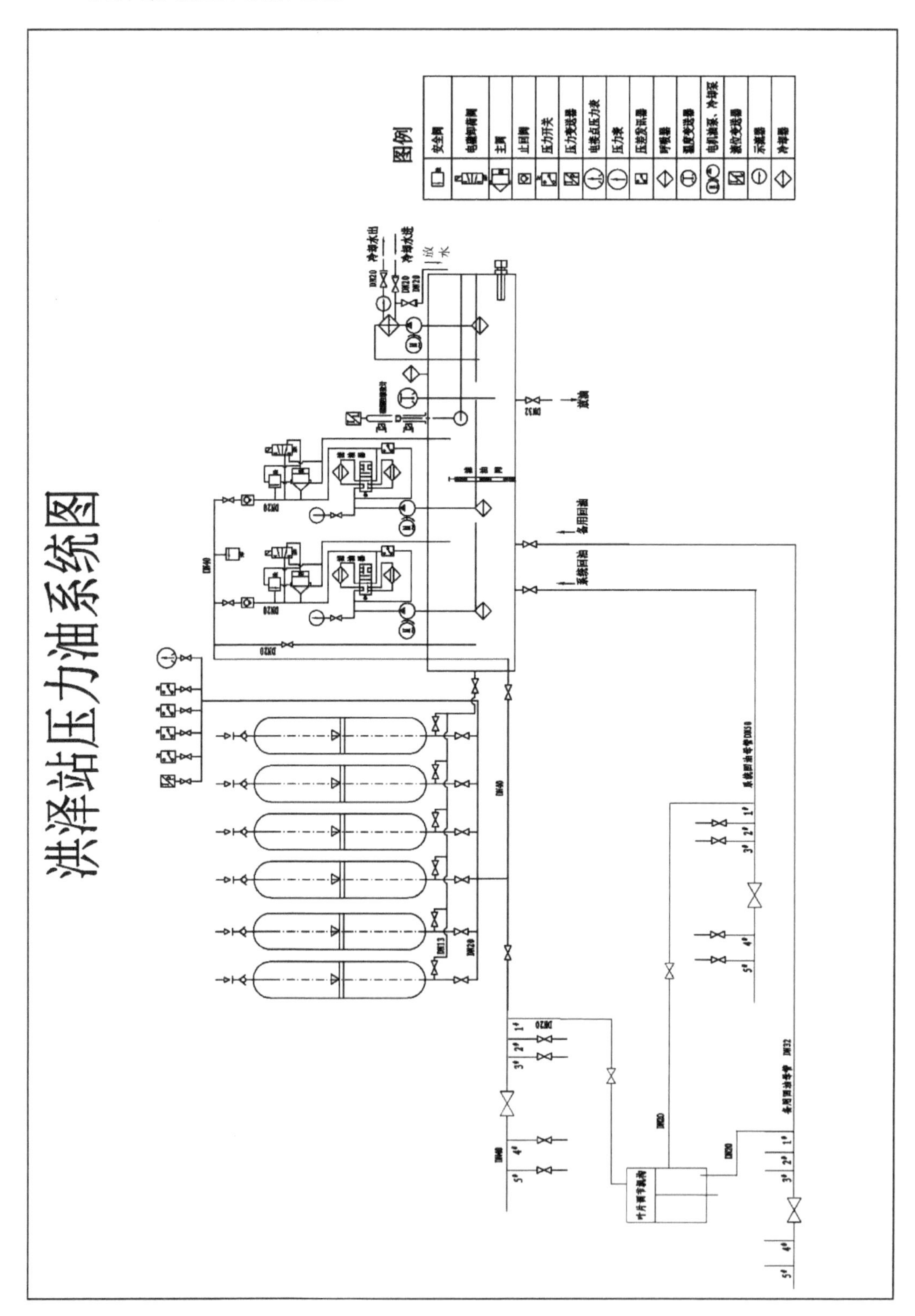

A.4 洪泽泵站水轮发电机电气主接线图

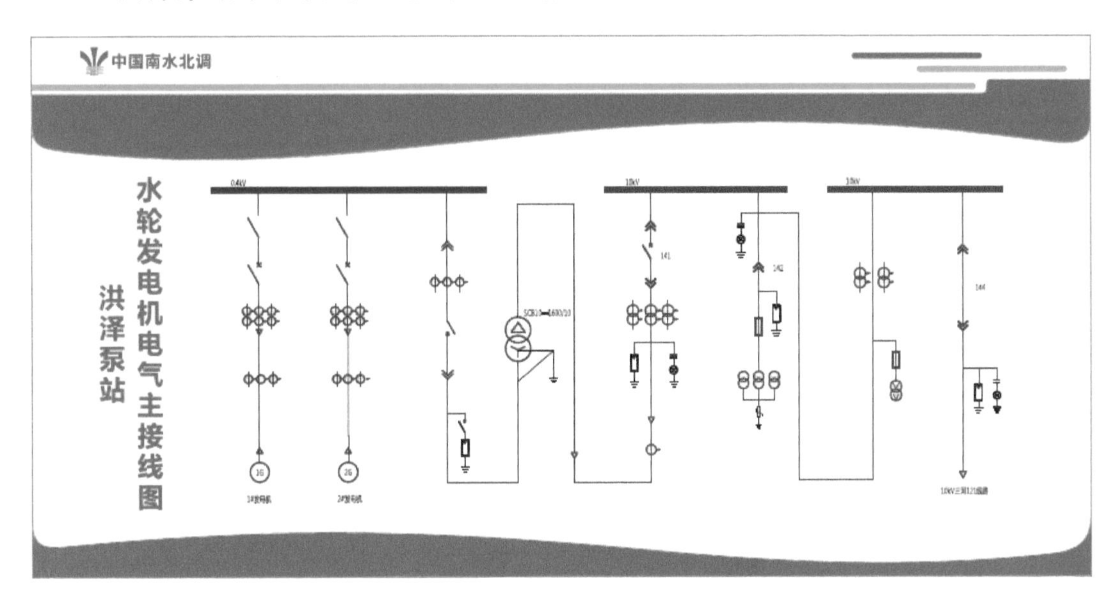

A.5 枢纽工程布置图

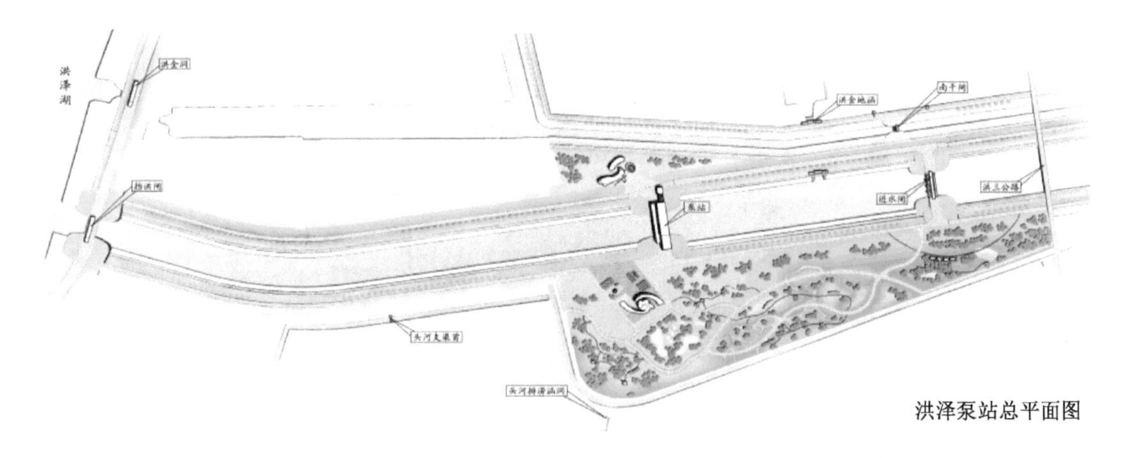

洪泽泵站总平面图

A.6 洪泽泵站剖面图

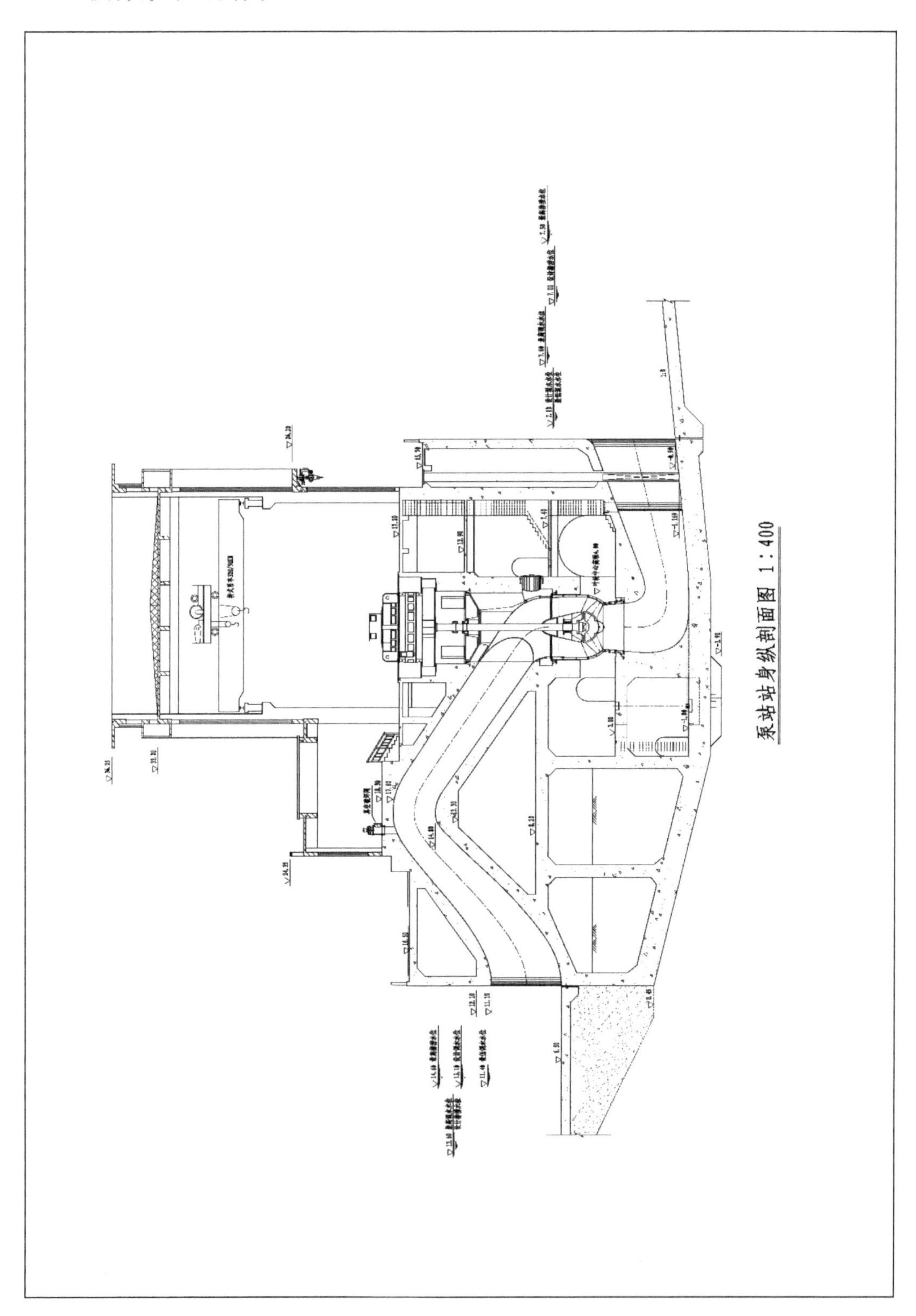

A.7 洪泽泵站平面图

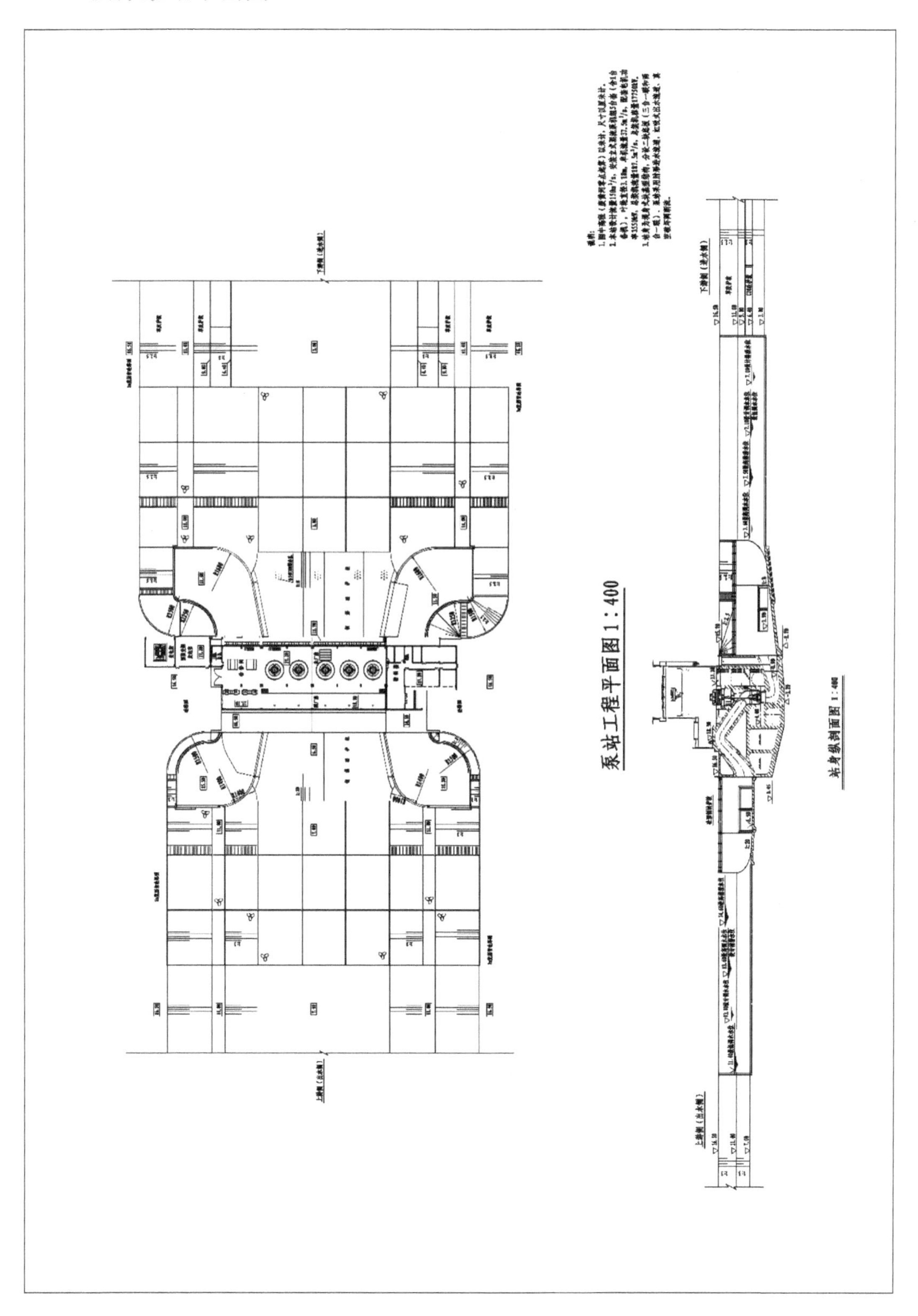

工程观测作业指导书

1 范围

本指导书适用于南水北调东线江苏水源有限责任公司泵站工程观测工作，类似工程可参照执行。

2 规范性引用文件

下列文件对于本指导书的应用是必不可少的。凡是注日期的引用文件，仅所注日期的版本适用于本指导书。凡是不注日期的引用文件，其最新版本（包括所有的修改单）适用于本指导书。

GB 50026　工程测量标准
GB/T 12897　国家一、二等水准测量规范
GB/T 12898　国家三、四等水准测量规范
JGJ/T 8　建筑物变形测量规程
SL 601　混凝土坝安全监测技术规范
SL 257　水道观测规范
SL 197　水利水电工程测量规范
CH/T 2004　测量外业电子记录基本规定
DB32/T 1713　水利工程观测规程
NSBD 21—2015　南水北调东、中线一期工程运行安全监测技术要求
NSBD 16—2012　南水北调泵站工程管理规程

3 术语和定义

下列术语和定义适用于本指导书。

3.1 垂直位移

沉降、沉陷、垂直位移的统称，是指建筑物在铅直方向的移动。

3.2 水平位移

位移、水平位移的统称，是指建筑物在水平方向上的移动。

3.3 工作基点

为直接测定观测点的较稳定的控制点，分垂直位移工作基点和水平位移工作基点。

3.4 水准基点

垂直位移测量中作为测定测区内各级水准点、观测点高程依据的基准点。

3.5 观测标点

设置在建筑物上，能反映建筑物变形特征，作为变形测量用的固定标志，如垂直位移、水平位移、伸缩缝等观测点。

3.6 测压管

埋在水工建筑物中，用于测量渗流压力的设施，一般用钢管制成。

3.7 河道横断面

垂直于水流方向的河槽断面。

3.8 水下地形测量

对水下地貌、地物进行的测量。

3.9 观测资料整编

对观测的原始资料和平时整理分析的成果进行汇集、校核、检查、分析、整理和刊印，使之成为系统化、规格化的成果。

4 总体要求

为规范和指导南水北调江苏段泵站工程观测工作，保障工程运行安全，制定本指导书。

4.1 基本要求

观测工作应保持系统性和连续性，做到“四随、四无、四固定”，即随观测、随记录、随计算、随校核；无缺测、无漏测、无不符合精度、无违时；测次、时间、人员、设备宜固定。

4.2 工程观测流程

详见附录 A。

4.3 观测任务书

(1) 各分公司及现场管理单位应根据设计说明书及现场实际需要拟定观测项目。

(2) 上年度 12 月底前，由各现场管理单位编制上报观测任务书，经分公司批复后实施。

(3) 附录 B 观测任务书应包括工程概况、观测项目、观测时间与测次、观测方法与精度及观测成果要求等内容。

4.4 观测记录要求

(1) 外业观测中需要现场记录、计算检验的项目，应现场记录、计算。

(2) 记录内容应真实、准确，字迹应清晰端正，记错处应整齐划去，并在上方另记正确的数字和文字。

（3）原始记录手簿每册页码应连续编号，记录中间不应空页、缺页或插页。

4.5 数据整理要求

（1）每次观测结束后，应及时对观测资料进行计算、校核和审查。

（2）检查有无漏测、缺测；记录格式是否符合规定，有无涂改、转抄；观测精度是否符合要求；应填写的项目和观测、记录、计算、校核等签字是否齐全。

4.6 异常情况处理

对观测成果进行分析时，如发现观测精度不符合要求，予以重测；发现异常情况，及时查明原因，必要时复测、增加测次或观测项目并上报。

5 观测项目

5.1 观测项目分类

观测项目分一般性观测项目和专门性观测项目。一般性观测项目是经常性观测项目，是监测工程运行情况的应测项目；专门性观测项目是指某一时间段或者为某一特殊目的而专门进行的观测项目，是工程运行过程中的可选观测项目。

5.2 泵站工程观测项目

（1）大型泵站一般性观测项目包括垂直位移、引河河道断面、测压管水位等。

（2）当泵站地基条件差或泵站建筑物受力不均匀时，应进行水平位移和伸缩缝观测。

（3）引河河道断面观测包括固定断面观测和河道地形观测。

5.3 南水北调江苏段泵站工程观测项目

各工程应按照附录C核定的观测项目组织开展工程观测工作。

6 垂直位移观测

6.1 一般规定

6.1.1 观测频次

（1）在工作基点埋设使用后5年内，应每年与国安水准点校测一次，经资料分析工作基点已趋于稳定的可改为每5年一次。

（2）垂直位移在工程完工并投入使用后，每季度观测1次。

6.1.2 观测准备

（1）人员组织

单组观测人员不少于6名，并经过工程观测培训后方可从事观测工作。成员组成包括：司镜员1名，扶尺员2名，量距员2名，撑伞员兼安全员1名。如遇工程现场情况较为复杂或多组同时观测，可适当增配人员。

（2）设备配置

电子水准仪 1 台，配套条码铟钢尺 2 根，三脚架 1 副，尺承（尺垫）2 只，皮尺或滚尺 1 副，电子测距仪 1 套，遮阳伞 1 把等。

（3）资料准备

准备待测工程的垂直位移观测路线示意图、首次及上次观测成果数据、水准基点位置及高程数据等材料。

（4）后勤保障

根据季节、天气等情况准备必要的防护用品、劳保用品，准备好应急措施。

6.1.3 其他规定

（1）南水北调东线江苏段泵站工程垂直位移观测应采用相同的高程系统，推荐使用 1985 国家高程基准。

（2）进行垂直位移观测时应同时记录上下游水位、气象要素（风向、风力、气温、阴晴等）及工程运行情况等。

（3）垂直位移量以向下为正、向上为负。

（4）间隔位移量为上次观测高程减去本次观测高程的差值，累计位移量为初始观测高程减去本次观测高程的差值。

（5）高程单位：m，大型工程精确至 0.000 1 m，中型工程精确至 0.001 m；垂直位移量单位：mm，大型工程精确至 0.1 mm，中型工程精确至 1 mm。

6.2 观测设施布置

6.2.1 工作基点布置

（1）工作基点应埋设在便于引测、地基坚实的区域。不应在旧河槽、浅土层、回填土、集水区、堤身、车辆往来频繁区域及利用工程自身埋设工作基点。

（2）工作基点选用、埋设与保护应符合国家水准测量规范的要求，其埋深应在最大冰冻线以下至少 50 cm，标点应采用不锈钢材料制作。工作基点结构参见 DB32/T 1713 相关规定执行。

（3）大、中型泵站工程的工作基点应从国家二等及以上水准点引测，远离国家二等水准点的工程，经上级主管部门批准后，可从国家三等水准点引测。

（4）工作基点埋设后，应经过至少一个雨季才能启用。

6.2.2 观测标点布置

（1）泵站的垂直位移标点应埋设在每块底板四角，空箱岸（翼）墙四角，重力式或扶壁式岸（翼）墙、挡土墙的两端。

（2）泵站工程应按建筑物的底部结构（底板等）的分缝布设标点。

（3）垂直位移标点应坚固可靠，并与建筑物牢固结合，泵站垂直位移标点应采用铜质或不锈钢材料制作。

（4）垂直位移标点埋设 15 天后才能启用。

（5）垂直位移标点变动时，应在原标点附近埋设新点，对新标点进行考证，计算新旧标点高程差值，填写考证表。当需要增设新标点时，在埋设后进行考证，以同一块底板附近标点的垂直位移量作为新标点垂直位移量，以此推算出该点的始测高程。

6.3 观测设施编号

（1）工作基点以 BMn 表示，n 为同一工程工作基点序号。

（2）泵站垂直位移标点应自上游至下游、从左到右顺时针方向编号，底板部位以“×—×”表示，其中前一个×表示底板号，后一个×表示标点号；左右岸墙以“□□×”表示，□□注明左岸或右岸，×表示标点编号；翼墙的垂直位移标点以“□□□×—×”表示，□□□注明上(下)左(右)翼，前一个×是上(下)游翼墙的底板号，后一个×表示标点号。

（3）进水池垂直位移标点应自上游至下游编号，以“进□×—×表示”，其中“进”代表进水池，□表示左右岸，注明左或右，前一个×表示岸墙序号，后一个×表示标点号。

（4）清污机桥垂直位移标点应自上游至下游、从左到右顺时针方向编号，底板部位以“清×—×”表示，其中“清”表示清污机桥，前一个×表示底板号，后一个×表示标点号；左右岸墙以“清□×”表示，□注明左岸或右岸，×表示标点编号；翼墙的垂直位移标点以“清□□□×—×”表示，□□□注明上(下)左(右)翼，前一个×是上(下)游翼墙的底板号，后一个×表示标点号。

（5）观测设施现场标识标牌，可参考江苏省《水闸泵站标志标牌规范》最新版本规定内容，结合南水北调工程有关规定及工程实际进行调整。

6.4 观测路线设计

（1）根据现场实际踏勘进行线路设计，尽可能使测站少、测程短，避免地物、建筑遮挡视线。

（2）线路图中应标明工作基点、垂直位移标点、测站和转点位置以及观测视线和前进方向，观测视线对转点和中视点应明显区分。一般对转点观测视线用实线表示，对中视点观测视线用虚线表示。

（3）转点各站的前后视距应尽量相等，中视距与后视距的距离差不宜大于 5 m，个别点超过 5 m 时应加以说明。

（4）遇高低起伏的地形时应注意最高、最低视线高符合测量规范的要求。

（5）线路图确定后，在地物、地形未改变的情况下，按设计好的线路图进行观测，不应改变测量路线、测站和转点。

（6）现场应布设观测线路固定标识。样式规格可参考江苏省《水闸泵站标志标牌规范》最新版本规定内容，结合南水北调工程有关规定及工程实际进行调整。

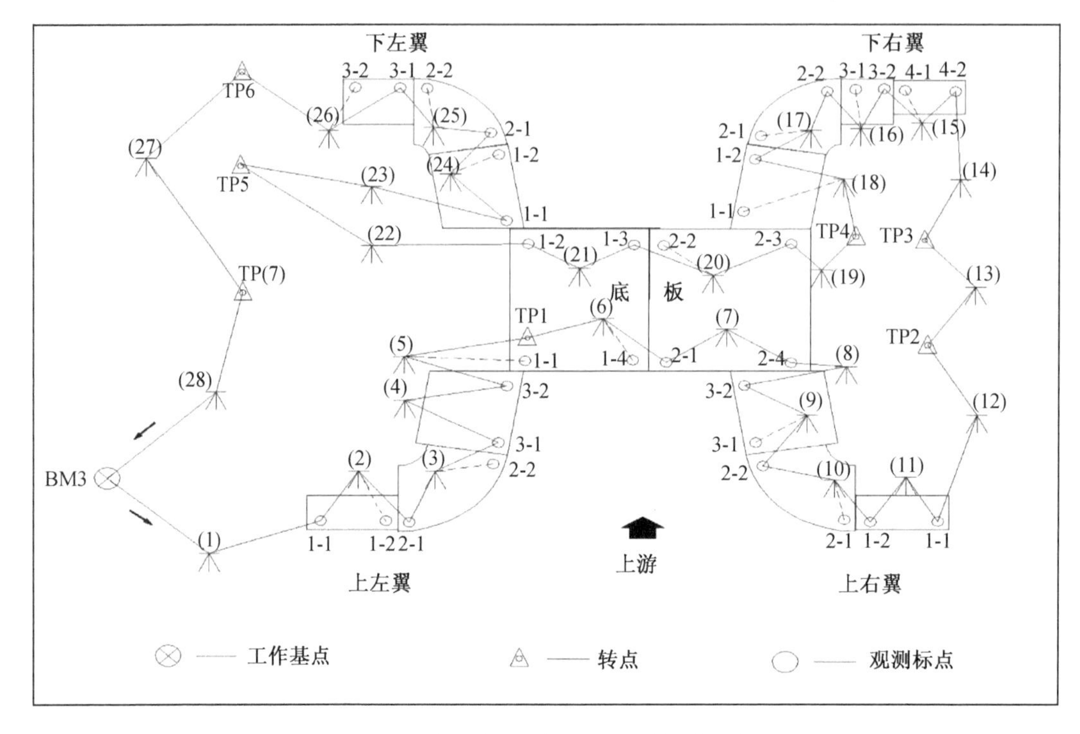

图 6-1　垂直位移观测标点及观测线路示意图

6.5　观测方法与要求

6.5.1　观测方法

（1）工作基点校核采用一等水准、单路线往返观测，垂直位移观测采用二等水准、单路线往返观测。一条路线的往返观测，应使用同一类型的仪器和转点尺承沿同一道路进行。

（2）测读顺序：往测奇数站，后标尺、前标尺、前标尺、后标尺；往测偶数站，前标尺、后标尺、后标尺、前标尺。返测时奇偶数测站照准标尺的顺序与往测偶奇站相同。

6.5.2　观测要求

（1）垂直位移观测线路应采用环线测量。

（2）垂直位移观测自工作基点引测各垂直位移标点高程，不得从垂直位移标点、中间点引测其他标点高程。

（3）测点较多时可以观测线路上的某测点作为后视，以一定范围的垂直位移标点作为同等的前视点（中间点），测定这组内不同标点的高程。

（4）垂直位移每一测段的观测宜在上午或下午一次完成，每一工程的观测宜在一天内结束，如工程测点较多，一天内不能完成的，应引测到工作基点上。

（5）每次观测前应对仪器 i 角进行检验，一、二等水准观测 i 角不应大于 15″。i 角检验方法可参照 DB32/T 1713 相关规定执行。

（6）每次观测外业结束后，及时对观测结果进行计算校核，当闭合差大于 1 mm 时应进行平差处理。往返测环闭合差限差按表 6-1 执行。

表 6-1　往返测环闭合差限差

<table>
<tr><td colspan="3">水准基点—工作基点</td><td colspan="2">工作基点—垂直位移点</td></tr>
<tr><td rowspan="2">观测等级</td><td colspan="2">闭合差限差(mm)</td><td rowspan="2">观测等级</td><td rowspan="2">闭合差限差(mm)</td></tr>
<tr><td>1 km 外</td><td>1 km 内</td></tr>
<tr><td>一</td><td>$2\sqrt{K}$</td><td>$0.3\sqrt{N}$</td><td>二</td><td>$0.5\sqrt{N}$</td></tr>
<tr><td>二</td><td>$4\sqrt{K}$</td><td>$0.5\sqrt{N}$</td><td>三</td><td>$1.4\sqrt{N}$</td></tr>
<tr><td>三</td><td>$12\sqrt{K}$</td><td>$1.4\sqrt{N}$</td><td>四</td><td>$2.8\sqrt{N}$</td></tr>
</table>

注：N 为测站数，K 为单程千米数，不足 1 km 按 1 km 计。

测站视线长度、前后视距差、视线高度要求，如表 6-2 所示。

表 6-2　测站视线长度、前后视距差、视线高度　　单位：m

等级	仪器类型	视线长度	前后视距差	任一测站前后视距差累积	视线高度
一等	DSZ05、DS05 数字水准仪	≥4 且≤30	≤0.5	≤1.5	≥0.5 且≤2.8
二等	DSZ1、DS1 数字水准仪	≥3 且≤50	≤1.0	≤3.0	≥0.3 且≤2.8

测站观测限差要求，如表 6-3 所示。

表 6-3　测站观测限差　　单位：mm

等级	上下丝读数平均值与中丝读数差	基辅分划读数的差	基辅分划所测高差的差	检测间歇点高差的差
一等	1.5	0.3	0.4	0.7
二等	1.5	0.4	0.6	1.0

6.6　资料整理和初步分析

6.6.1　资料整理

(1) 垂直位移观测成果表。

(2) 垂直位移量横断面分布图。

(3) 垂直位移量变化统计表。

(4) 垂直位移变化过程线。

(5) 工作基点考证表、高程考证表。

(6) 垂直位移标点考证表、高程考证表。

(7) 其他资料如观测路线图、原始记录、i 角检验记录、计算校核等。

6.6.2　初步分析

(1) 分析间隔位移量，即与上次观测成果进行比较分析是否正常。

(2) 分析累计位移量，即与初始值进行比较分析是否正常。

(3) 分析间隔、累计和相对不均匀位移量的极值与异常部位。

（4）分析垂直位移量的变化规律和趋势，对工程运行状态进行评价，对工程控制运用和维修加固提出初步意见。

6.7 注意事项

（1）观测前 30 min 应将仪器置于露天阴影下，使仪器与外界气温趋于一致。

（2）在连续各测站上安置水准仪的三脚架时，应使其中两脚与水准路线方向平行，第三脚轮换置于路线方向的左侧与右侧。

（3）采用一等水准观测作业，在转动仪器的倾斜螺旋和光学水准测微鼓时，其最后旋转的方向均应为旋进。

（4）每一测段，无论往测和返测，其测站数应为偶数，由往测转为返测时，两支标尺应互换位置，并应重新整置仪器。

（5）日出与日落前 30 min 内，太阳中天前后约 2 h，标尺分划线的影像会跳动而难以照准时，气温突变时，雨天或风力过大标尺与仪器不能稳定时，应暂停观测。

（6）长途搬运时，应在包装箱四周填实刨花、纸屑或微孔塑料等软物，装箱后置于运输工具前部；短途搬运时，仪器装箱后应置于携带人两膝之上；工作期间迁移测站时，应将仪器直立抱于胸前，行路时不应剧烈奔跑、颠簸，经过建筑物或树林等障碍较多地段时，应防撞损仪器。

（7）观读时，观测员应在仪器 0.5 m 外走动，不应触及仪器架任何部位。在斜坡上架设仪器时，应将三脚架的两脚置于斜坡下方。

（8）转点应选在坚实土上。立尺时扶尺员应将尺垫踩实，尺垫面平整，将水准标尺直立于尺垫顶上，用扶杆撑直，使水准器气泡始终保持居中。

（9）扶尺员必须保护好尺垫，防止误踏。测站迁移时，应将标尺从尺垫上取下。仪器未迁站，后视扶尺员不应先行迁尺。

（10）休息时，扶尺员应将标尺侧向平放。不应将标尺倚靠于树木或墙壁上。标尺上的铟钢尺不应与硬物接触。

（11）如水准尺需要长途运输时，按规定置于尺箱内，平置于交通工具上。

6.8 电子水准仪使用步骤

附录 E.1 以徕卡 LS15 电子水准仪为例，编制了操作步骤，其他品牌、型号电子水准仪产品可参考使用。

7 引河河道断面观测

7.1 一般规定

7.1.1 观测频次

（1）过水断面观测频次：上、下半年各观测一次。遇工程泄放大流量或超标准运用、单宽流量超过设计值、冲刷或淤积严重且未处理等情况，应该增加测次。

（2）大断面观测频次：逢 5 年观测一次，地形发生显著变化后应及时观测。

(3) 河道地形观测频次:每 5 年观测 1 次。

(4) 断面桩桩顶高程考证频次:每 5 年考证 1 次,如发现断面桩缺损,应及时补设并进行观测。

7.1.2 观测准备

(1) 人员组织

观测人员至少 4 名,并经过设备使用培训后方可从事观测工作。成员组成包括:无人船及 RTK 操作人员 3 名,软件操作兼安全员 1 名。如遇工程现场情况较为复杂或根据不同观测方法,可适当增配人员。

(2) 设备配置

智能无人测量船及 RTK 1 套(测深仪+RTK 或测深杆、测深锤)等。

(3) 资料准备

准备待测工程的平面布置图及相关数据、河道断面布置示意图、标准断面数据及横断面图等材料。

(4) 后勤保障

根据季节、天气等情况准备必要的防护用品、劳保用品,重点准备涉水作业救生用品,做好作业安全教育,准备好应急措施;作业人员应具备基本的水上自救能力并会游泳。

7.1.3 其他规定

(1) 泵站引河河道观测包括固定断面和河道地形观测。固定断面观测包括过水断面和大断面观测;河道地形观测指为控制河道冲淤变化而进行的水下地形观测。

(2) 过水断面是指河道设计水位以下部分断面,若工程在实际运用中常年水位远低于设计水位,可采用多年平均水位以下的断面。

(3) 大断面是指过水断面及向两侧延伸至堤防背水侧堤脚外一定范围的断面。

(4) 水下地形及固定断面观测应在水位比较平稳及河床相对稳定的季节进行,避免在泵站调水运行期间观测。

(5) 断面比较图、水下地形图选用比例尺应合理,能较准确地计算河床冲淤变化。

7.2 观测设施布置

(1) 泵站引河断面应从进、出水口处进行观测,分别从上下游延伸 1～3 倍河宽的距离。对于冲淤较严重的引河,可适当延伸至 3～5 倍河宽的距离。

(2) 断面间距以能反映河道的冲淤变化为原则,靠近站身宜密集,远离站身可适当放宽。在下列位置应设置观测断面:

① 泵站进、出水口处;

② 上、下游护坦(进、出水池);

③ 护坦外 100 m 内,每 15～30 m;

④ 护坦外 100～300 m 内,每 50 m;

⑤ 护坦外 300 m 以外,每 100 m;

⑥ 淤积较严重的工程在护坦外 500 m 外,每 200～500 m;

⑦ 在河道拐弯、扩散较大或岔流处应适当增设断面;

⑧ 如观测过程中发现断面异常,应在异常断面前后增设断面。

（3）断面桩布设

① 断面两岸应埋设固定观测断面桩，断面桩连线即断面测量方向线，连线与河流走向垂直。

② 断面每侧宜各设两个断面桩，分别设在设计最高水位和正常水位以上。断面桩用 15 cm×15 cm×80 cm 的钢筋混凝土预制桩或大理石桩，桩顶设置钢制标点，埋入地下部分应不小于 50 cm，并用混凝土固定。

7.3 观测设施编号

（1）建筑物引河编号按上、下游分别编列，以“C. S. n 上（下）×＋×××”表示，n 表示断面的顺序，×＋×××表示引河断面至建筑物中心线距离。

（2）标识标牌样式规格可参考江苏省《水闸泵站标志标牌规范》最新版本规定内容，结合南水北调工程有关规定及工程实际进行调整。

7.4 观测方法与要求

7.4.1 观测方法

（1）固定断面观测

① 固定断面桩顶高程，按四等以上水准精度接测；

② 起点距可采用过河索、经纬仪、全站仪、GPS 全球定位系统（RTK）等观测；

③ 观测水深时应同时接测水面高程。

（2）水下地形观测

① 水下地形观测一般采用横断面法，断面线宜与水流方向垂直，特殊水域可视情况布设测线，原则上要能准确反映河床水下地形；

② 起点距、水深测量方法同固定断面观测方法。

7.4.2 观测要求

（1）固定断面观测

① 断面施测方向：从左岸断面桩开始，由左向右顺序施测。若从右往左施测，应记录说明。

② 起点距从左岸断面桩起算，向右为正，向左为负。

③ 水面高程测定，泵站引河段应在每日工作开始、中间、结束时各接测水面高程 1 次，可利用水准仪、经纬仪或 RTK 直接测定，也可根据水位计、水尺间接测定，若水位变化超过 0.1 m 且呈非线性变化时，应增加接测次数。

④ 当上、下断面间水面落差小于 0.2 m，可数个断面接测一处；水面落差大于 0.2 m 时，应逐个断面接测。

⑤ 水面宽在 100 m 以内的引河，点距 5 m 左右；水面宽 100～300 m 的引河，点距 10 m 左右；测量时若发现水深有突变，应缩短点距找出深坑、淤滩的边缘线及最高、最低点。

⑥ 使用测深杆应力求在垂直时读数，测深杆按 0.1 m 分划；使用测深锤时，应选用伸缩性小、抗拉强度好的棉蜡绳，并进行缩水处理，其误差不得超过 1%，每次观测前应对测深绳刻度进行校验。

(2) 水下地形观测

① 水下地形测量的断面距及点距,应符合表 7-1 的规定。

表 7-1 水下地形测量断面距及点距

测图比例尺	断面间距(m)	测点间距(m)
1∶2000	20～50	15～25
1∶1000	15～25	12～15
1∶500	8～12	5～10

注:当河宽小于断面间距时,断面间距和测点间距均应适当加密;边滩及平滩地区测点间距可按本表放宽 50%,断面间距可放宽 20%。在崩岸、护岸、陡坎峭壁附近及深泓区,测点应适当加密。

② 水下地形图基本等高距,应符合表 7-2 的规定。

表 7-2 水下地形图基本等高距

测图比例尺	等高线间距(m)	备注
1∶2000	0.5 或 1.0	
1∶1000	0.5 或 1.0	
1∶500	0.25 或 0.5	

③ 河宽水深处用 GPS 全球定位系统配合测深仪观测水下地形,在测量船不能到达之处如浅滩等,则用测深杆或测深锤测水深。当配合使用以上两种方法时,应注意所测范围是否衔接,不可留有空白区。

④ 观测水下地形时应同时施测两岸水边线,并沿测深推进方向顺序或同时观测。

⑤ 接测水面高程必须现场推算,并与上下游水面高程对照比较,如发现不合理现象应及时查明原因并处理。

7.5 资料整理和初步分析

7.5.1 资料整理

(1) 河道断面观测成果表;

(2) 河道断面冲淤量比较表;

(3) 河道断面比较图;

(4) 河道固定断面桩桩顶高程考证表;

(5) 水下地形图,每年绘制;

(6) 其他资料,如河道断面布置示意图、原始记录表等。

7.5.2 初步分析

分析河道冲刷、淤积情况,包括冲淤总量、平均冲淤深度或厚度、冲淤最大位置;若发生冲刷,分析冲刷面积,判断河道的变化规律及工程运行对河道产生的影响,对工程安全状态进行评价,为工程管理及维修加固提供基本资料和初步意见。

7.6 注意事项

(1) 现场测量时,采用水准仪、RTK 等设备测定或读取水尺数值以获取水位数据,不可直接采用自动化监测数据，且须关注水位变化情况；

（2）岸上部分测量、水下部分测量须做好衔接，不得留有空白部分；

（3）无人船沿着左右岸断面桩连线行进，避免走弧线或S形线路；

（4）测量过程中须关注实时测量数据，与工程基本数据对比，如有异常情况现场及时组织复测；

（5）水面水流流速过大或水草杂物过多时，建议择期测量或更改测量方式，避免无人船被水流冲走或被水草缠住等情况发生。

7.7 无人测量船使用步骤

附录E.2以中海达iBS2智能无人船为例，编制了操作步骤，其他品牌、型号设备可参考使用。

8 水平位移观测

8.1 一般规定

8.1.1 观测频次

（1）工作基点在工程投入运用后5年内，应每年利用校核基点校测一次，如没有变化，以后可每5年校测一次。工作基点的水平位移量应小于4 mm。

（2）水平位移观测在工程投入使用后，应每季度观测一次，当水位超过设计洪水位、遇有水位骤降等特殊情况时应增加测次。

8.1.2 观测准备

（1）人员组织

单组观测人员不少于4名，并经过工程观测培训后方可从事观测工作。成员组成包括：司镜员1名，摆镜员1名，记录员1名，撑伞员兼安全员1名。如遇工程现场情况较为复杂或多组同时观测，可适当增配人员。

（2）设备配置

全站仪及棱镜1套(或全站仪及觇牌1套)等。

（3）资料准备

准备待测工程的观测记录簿、首次及上次观测成果数据、水平位移基点位置、观测标点布置示意图等材料。

（4）后勤保障

根据季节、天气等情况准备必要的防护用品、劳保用品，准备好应急措施。

8.1.3 其他规定

（1）水平位移观测基点可与垂直位移观测基点共用，但应两两通视。

（2）水平位移量以向下游为正，向上游为负，向左岸为正，向右岸为负。

8.2 观测设施布置

（1）工作基点应布设在泵站两岸坚实的土基上，并在观测标点的延长线上。

(2) 工作基点一般采用整体钢筋混凝土结构，立柱高度以司镜员操作方面为宜，但应大于1.2 m，底座埋入土层深度应不小于0.5 m。立柱顶部设强制对中底盘，对中误差应小于0.1 mm。

(3) 各测点中心位于视准线上，偏差不应大于10 mm。

8.3 观测设施编号

(1) 观测标点编号以"□□××"表示，□□表示工程名称，前一个×表示断面号，后一个×表示水平位移测点在同一断面从上游至下游的序号。

(2) 标识标牌样式规格可参考江苏省《水闸泵站标志标牌规范》最新版本规定内容，结合南水北调工程有关规定及工程实际进行调整。

8.4 观测方法与要求

8.4.1 观测方法

水平位移观测采用视准线法。视准线法根据实际情况选用活动觇牌法或小角度法，观测时宜在视准线两端设工作基点，在工作基点架设仪器观测其靠近的观测标点的偏离值。

8.4.2 观测要求

(1) 采用视准线法观测时，可采用全站仪。当视线长度在250 m左右，应采用6″级以上设备，当视线长度在500 m左右，应采用1″级设备。

(2) 用活动觇牌法观测时，每测回(正镜、倒镜各测一次为一测回)的允许误差应小于4 mm，所需测回数不得少于两个测回。

(3) 采用小角度法观测时，两次重合读数之差应不超过0.4″，一个测回中，正、倒镜的小角值不应超过3″，同一测点各测回小角值校差不应超过2″。

8.5 资料整理和初步分析

8.5.1 资料整理

(1) 水平位移观测成果表；

(2) 水平位移量统计表；

(3) 水平位移量过程线图；

(4) 水平位移量和上游水位过程线；

(5) 水平位移工作基点考证表；

(6) 水平位移观测标点考证表；

(7) 其他资料，如观测标点布置示意图、观测记录表等。

8.5.2 初步分析

(1) 分析间隔位移量，即与上次观测成果进行比较分析是否正常；

(2) 分析累计位移量，即与初始值进行比较分析是否正常；

(3) 结合工程运用情况分析水平位移量的变化规律和趋势，对工程运行状态进行评价，对工程控制运用和维修加固提出初步意见。

8.6 注意事项

(1) 全站仪尽量安置在受振动影响较小的地方，安置高度要适宜。

（2）全站仪的三脚架腿不要触碰到墙体、钢架、钢筋等能传递振动的物体。

（3）在测量过程中要注意查看气泡的偏移情况，如果偏移量过大则测量成果作废，待重新精确整平后再测量数据；如果偏移量较小则不进行调整，但要将偏移情况记录下来作为数据分析的一项影响因素。

（4）建议在测量前进行气泡检校，并检查仪器的设置情况，检查内容包括棱镜常数、温度改正数的设置、测量数据的存放文件夹、测量的小数位是几位的、显示面板和记录面板的情况。

（5）测量过程中除司镜员外，其余人员不要靠近全站仪，不要在全站仪附近走动打闹。

（6）全站仪在手动照准时尽量不要直接用手拨，应使用水平微动螺旋和竖直微动螺旋手动照准。

（7）全站仪在测数时严禁触碰，在进行气泡检校的时候严禁触碰。

（8）建议在测量之前记录天气情况、温度、现场情况以及振动情况。

（9）在使用检测工装时先将承轨面用布擦一下，安置棱镜时看一下棱镜下部是否贴紧测量面或斜面工装，看一下棱镜插头是否在孔中有晃动，如有应更换棱镜插头。

（10）测量前要检查仪器参数和状态设置，如角度、距离、气压、温度的单位，最小显示、测距模式、棱镜常数、水平角和垂直角形式、双轴改正等。可提前设置好仪器，在测量过程中不再改动。

（11）在晴天作业时，仪器应打伞，严禁将照准头对着太阳。

（12）不宜在过高或过低的气温下作业，应选择气温适宜的晴天或阴天作业，避免烟、尘、雨、雾以及四级以上大风等不利条件。

8.7 全站仪使用步骤

附录 E.3 以中海达 ATS 620L 全站仪为例，编制了操作步骤，其他品牌、型号设备可参考使用。

9 伸缩缝观测

9.1 一般规定

9.1.1 观测频次

每月观测两次。当发生历史最高、最低水位，历史最高、最低气温，超标准应用等情况时，应增加测次；当发现伸缩缝变化异常时，应增加测次。

9.1.2 观测准备

（1）人员组织

观测人员 2 名，成员组成包括：测量员 1 名，记录员 1 名。

（2）设备配置

电子游标卡尺 1 把。

（3）资料准备

准备待测工程的观测标点布置示意图、观测记录簿、首次及上次观测成果数据等材料。

(4) 后勤保障

短时间户内作业,准备必备劳保或防护用品。

9.1.3 其他规定

伸缩缝观测值,开合方向以张开为正,闭合为负。

9.2 观测设施布置

(1) 泵站工程伸缩缝观测标点一般布置在底板分缝处的建筑物墙体上。

(2) 常用伸缩缝观测标点有三点式金属标点,也可采用埋设三向测缝针观测。

9.3 观测设施编号

(1) 观测标点编号以"□□××"表示,□□表示工程名称,前一个×表示底板号,后一个×表示伸缩缝标点在同一底板从上游至下游的序号。

(2) 标识标牌样式规格可参考江苏省《水闸泵站标志标牌规范》最新版本规定内容,结合南水北调工程有关规定及工程实际进行调整。

9.4 观测方法及要求

9.4.1 观测方法

采用游标卡尺进行观测。

9.4.2 观测要求

(1) 观测建筑物伸缩缝时,应同时观测建筑物温度、气温、水位等相关因素。

(2) 伸缩缝观测精确到 0.1 mm。

(3) 三点式测量、计算方式如图 9-1 所示:

① 用游标卡尺卡住 A 点、B 点,测得 AB 的长度 c;

② 用游标卡尺卡住 A 点、C 点,测得 AC 的长度 b;

③ 用游标卡尺卡住 B 点、C 点,测得 BC 的长度 a;

④ 通过 a、b、c 计算 C 点至 AB 边的垂线长度,垂线长度变化即为伸缩缝宽度变化。

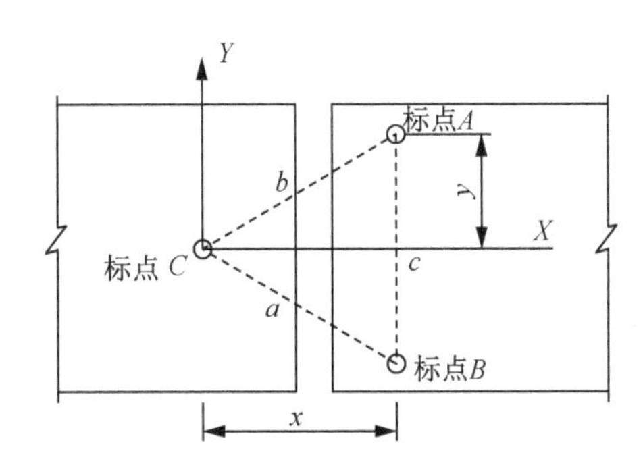

图 9-1 三点式伸缩缝观测标点示意图

9.5 资料整理和初步分析

9.5.1 资料整理

（1）建筑物伸缩缝观测成果表；

（2）建筑物伸缩缝宽度与混凝土温度、气温过程线图；

（3）伸缩缝观测标点考证表；

（4）其他资料，如观测标点布置示意图、建筑物伸缩缝观测记录表等。

9.5.2 初步分析

分析间隔位移量、累计位移量是否正常，结合气温、建筑物温度分析伸缩缝变化趋势是否符合规律，根据分析对工程的运行状态进行评价，对工程控制运用和维修加固提出初步意见。

9.6 注意事项

（1）游标卡尺是比较精密的测量工具，要轻拿轻放，不得碰撞或跌落地下。

（2）使用时注意避免损坏量爪，避免与刃具放在一起，以免刃具划伤游标卡尺的表面。

（3）测量前应把卡尺擦干净，检查卡尺的两个测量面和测量刃口是否平直无损，把两个量爪紧密贴合时，应无明显的间隙，同时游标和主尺的零位刻线要相互对准。

（4）移动尺框时，活动要自如，不应过松或过紧，更不能有晃动现象。

9.7 电子游标卡尺使用步骤

附录 E.4 以电子游标卡尺为例，编制了操作步骤。

10 测压管水位观测

10.1 一般规定

10.1.1 观测频次

（1）每周观测 1 次，当上下游水位差接近设计值、超标准运用或者遇有影响工程安全的灾害时，应随时增加测次。

（2）测压管管口高程在运行期每 5 年校测 1 次。

（3）自动化观测仪器应每年定期校验 1 次。

（4）测压管淤积高程、灵敏度试验每 5 年进行 1 次。

10.1.2 观测准备

（1）人员组织

观测人员 2 名，成员组成包括：测量员 1 名，记录员 1 名。

（2）设备配置

电测水位计 1 套。

（3）资料准备

准备待测工程的测压管布置示意图、观测记录簿、上下游水位数据等材料。

（4）后勤保障

根据季节、天气等情况准备必要的防护用品、劳保用品，准备好应急措施。

10.2 观测设施布置

（1）测压管宜采用镀锌钢管或硬塑料管，内径不宜大于 50 mm。

（2）测压管的透水段，一般长 1～2 m，当用于点压力观测时应小于 0.5 m；外部包扎足以防止周围土体颗粒进入的无纺土工织物；透水段与孔壁之间用反滤料填满。

（3）测压管的导管段应顺直，内壁光滑无阻，接头应采用外箍接头。管口应高于地面，并加保护装置。

（4）测压管的导管管口和进水段宜在同一垂线上，若工程构造无法保持导管垂直，则可以设平直管道。平直管道进水管段处应略低，坡度约在 1∶20 左右，同时应使平直管道低于可能产生最低渗透压力的高程。每一个测压管可独立设一测井，也可将同一断面上不同部位的测压管合用 1 个测井。

10.3 观测设施编号

（1）底板部位用三位阿拉伯数码编写，前二位表示所在底板（底板编号不足两位时，第一位为 0），第三位数字为同一组测压管自上游至下游的排列顺序号；岸、翼墙的测压管分别按“□□□××”形式编写，□□□注明左（右）岸或上（下）左（右）翼，前一个×表示分段，后一个×表示该管编号。

（2）标识标牌样式规格可参考江苏省《水闸泵站标志标牌规范》最新版本规定内容，结合南水北调工程有关规定及工程实际进行调整。

10.4 观测方法及要求

10.4.1 观测方法

南水北调江苏段工程测压管水位观测主要采用自动化监测、电测水位计法观测两种方式。

10.4.2 观测要求

（1）测压管管口高程观测精度符合四等水准的规定。

（2）电测水位计法观测时，测压管水位应独立观测两次，最小读数至 0.01 m，两次读数差不得大于 0.02 m，取其平均值，成果取至 0.01 m。

（3）电测水位计的测绳长度标记应每隔 3 个月用钢尺校正 1 次。

（4）自动化观测仪器应每年定期校验，可采取人工方法观测测压管水位，与自动观测值比较，计算测量精度，对仪器进行适当调整。

10.5 资料整理和初步分析

10.5.1 资料整理

（1）测压管水位统计表，每季度观测后填制；

（2）测压管水位过程线，每季度观测后绘制；

（3）测压管管口高程考证表；

（4）测压管考证表；

（5）其他资料，如测压管位置图、测压管水位记录表等。

10.5.2 初步分析

结合上下游水位变化、工程运行情况，分析测压管水位的变化规律，根据分析对工程的运行状态进行评价，对工程控制运用和维修加固提出初步意见。

10.6 注意事项

（1）注意测压管管口保护，增加保护措施，避免杂物落入、减少降水影响。

（2）观测期间注意上下水位数据收集的及时性，掌握水位变化情况。

（3）避免降雨后、运行后短时间内观测，待上下游水位稳定一段时间后再观测。

10.7 电测水位计使用步骤

附录E.5以电测水位计为例，编制了操作步骤。

11 资料整编

11.1 资料内容

（1）封面；

（2）目录；

（3）整编说明；

（4）工程基本资料；

（5）观测工作说明；

（6）观测仪器检定资料；

（7）考证资料；

（8）观测项目汇总表；

（9）成果资料；

（10）初步分析结果；

（11）结论与建议；

（12）封底。

11.2 资料分析

（1）对观测成果的历年最大与最小值(包括出现时间)、变幅、周期、年平均值、速率及变化趋势进行统计分析，检查观测成果在量值变化方面是否具有一致性和合理性；

（2）对观测成果的变化过程做分析，确定其随时间的变化规律和趋势，成果与相关要素之间的相关关系及关系的稳定性；

（3）对观测成果的分布情况进行分析，确定其随时间、空间的变化规律和趋势；

（4）对相同部位的结果进行对比分析，检查变化量大小、变化规律和趋势是否具有一致性和合理性；

(5) 对特征值、异常值与设计值、试验值或模型预报值以及历年变化范围进行比较分析，当超出设计值或警戒值时应及时采取措施。

11.3 资料审查

每年应进行一次资料整编审查工作，对观测成果进行全面审查，内容包括：

(1) 检查观测项目是否齐全、方法是否合理、数据是否可靠、图表是否齐全、说明是否完备；

(2) 对所填的各种表格进行校核，检查数据有无错误、遗漏；

(3) 对所绘的曲线图逐点进行校核，分析曲线是否合理，点绘有无错误；

(4) 根据统计图、表，检查和论证初步分析是否正确。

11.4 资料刊印

资料刊印，一般每年一次；如因工程管理工作需要，可实时刊印已有资料。相关表格、图线样式参考 DB32/T 1713 执行。

11.4.1 工程基本资料

(1) 工程概况；

(2) 工程平面图、剖面图、立面图；

(3) 工程观测任务书。

11.4.2 观测工作说明

(1) 观测工作概述；

(2) 垂直位移(观测设施布置、观测频次、观测方法、观测成果、观测外业说明)；.

(3) 引河河道断面(观测设施布置、观测频次、观测方法、观测成果、观测外业说明)；

(4) 水平位移(观测设施布置、观测频次、观测方法、观测成果、观测外业说明)；

(5) 伸缩缝(观测设施布置、观测频次、观测方法、观测成果、观测外业说明)；

(6) 测压管水位(观测设施布置、观测频次、观测方法、观测成果、观测外业说明)。

11.4.3 垂直位移

(1) 垂直位移观测标点布置示意图；

(2) 垂直位移工作基点考证表(埋设时刊印)；

(3) 垂直位移工作基点高程考证表；

(4) 垂直位移观测标点考证表(埋设时刊印)；

(5) 垂直位移观测成果表；

(6) 垂直位移量横断面分布图；

(7) 垂直位移量变化统计表(逢 5 年刊印 1 次)；

(8) 垂直位移量过程线(逢 5 年刊印 1 次)。

11.4.4 引河河道断面

(1) 河道固定断面桩桩顶高程考证表(逢 5 年刊印 1 次)；

(2) 河道断面观测成果表；

(3) 河道断面冲淤量比较表；

(4) 河道断面比较图；

(5) 水下地形图(逢5年刊印1次)。

11.4.5 水平位移

(1) 水平位移观测标点布置示意图;

(2) 水平位移工作基点考证表(逢5年刊印1次);

(3) 水平位移观测标点考证表(埋设时刊印);

(4) 水平位移观测成果表;

(5) 水平位移量统计表;

(6) 水平位移量过程线;

(7) 水平位移量和上游水位过程线。

11.4.6 伸缩缝

(1) 伸缩缝标点布置图;

(2) 伸缩缝观测标点考证表(埋设时刊印);

(3) 伸缩缝观测成果表;

(4) 伸缩缝宽度与建筑物温度、气温过程线。

11.4.7 测压管水位

(1) 测压管位置示意图;

(2) 测压管考证表(埋设时刊印);

(3) 测压管管口高程考证表;

(4) 测压管水位统计表;

(5) 测压管水位过程线。

11.4.8 观测成果分析

(1) 成果分析;

(2) 结论分析;

(3) 建议和意见。

12 观测设施管理维护

12.1 垂直位移观测设施

(1) 出现地震、地面升降或受重车碾压等可能使观测设施产生位移的情况时,应随时对工作基点进行考证。

(2) 工作基点应按照GB/T 12897中国家二等水准点的要求进行保护。

(3) 在观测设施附近宜采取设立标志牌等方法进行宣传保护,日常管理工作中应确保不受交通车辆、机械碾压和人为活动等破坏。

(4) 结合工程日常检查、经常性检查、定期检查,加强观测设施检查,确保设施完好、表面清洁、无锈蚀与缺损、基底混凝土无损坏、标识标牌字迹清晰等。

12.2 引河河道断面观测设施

(1) 结合工程日常检查、经常性检查、定期检查,加强观测设施检查,确保断面桩完好,桩体无破损，标点无锈蚀、损坏，标识标牌字迹清晰、无缺损。

(2) 发现断面桩缺损，应及时进行补充埋设，并对桩顶高程进行重新考证。

12.3 水平位移观测设施

(1) 观测标点和工作基点应采取防止雨水冲刷、护坡块石挤压和人为碰撞等保护措施。

(2) 结合工程日常检查、经常性检查、定期检查，加强观测设施检查，确保设施完好、表面清洁、无锈蚀与缺损、基底混凝土无损坏、标识标牌字迹清晰等。

12.4 伸缩缝观测设施

结合工程日常检查、经常性检查、定期检查，加强观测设施检查，确保伸缩缝观测标点完好、无破损、标识标牌字迹清晰、无缺损。

12.5 测压管水位观测设施

(1) 测压管管口应加保护装置，防止雨水进入或人为破坏，管口保护装置常用的有测井盖、测井栅栏及带有螺纹的管盖或管堵。用管盖或管堵时必须在测压管顶部管壁侧面钻排气孔。

(2) 测压管维护主要包括测压管进水管段灵敏度试验、测压管内淤积观测与冲洗、测压管堵塞清理等。测压管灵敏度试验可采用注水法或放水法。

① 注水法适用于管中水位低于管口情况。试验前，先测定管中水位，然后向管中注入清水。若进水段周围为壤土料，注水量相当于每米测压管容积的 3～5 倍；若为砂砾料，则为 5～10 倍。注入后不断观测水位，直至恢复到或接近注水前的水位。管内水位在下列时间内恢复到接近原来水位的，可认为合格：黏壤土 5 d；砂壤土 24 h；砂砾料 1～2 h 或注水后水位升高不到 3～5 m。记录测量结果，并绘制水位下降过程线。如管内水位长时间未恢复到接近原来水位的，可以考虑测压管可能已经堵塞，相反，如管内水位没有上升或上升很少且下降很快，就要考虑测压管滤箱是否失效或与上下游贯通等。

② 放水法适用于管中水位高于管口情况。先测定管中水位(压力)，然后放水，直至放不出为止，然后按一定时间间隔测量水位(压力)一次，直至水位回升至接近原来水位并稳定 2 h 为止。对不同地基水位恢复时间的判别标准同注水法。

(3) 当一孔埋多根测压管时，应自上而下逐孔试验，并应同时观测非注水管的水位变化，以检查它们之间的封孔止水是否可靠。

(4) 当管内淤塞已影响观测时，应及时进行清理。测压管淤积厚度超过透水段长度的 1/3 时，应进行掏淤。经分析确认副作用不大时，也可采用压力水或压力气冲淤。

(5) 如经灵敏度检查不合格，堵塞、淤积经处理无效，或经资料分析测压管已失效时，宜在该孔附近钻孔重新埋设测压管。

(6) 结合工程日常检查、经常性检查、定期检查，加强观测设施检查，确保测压管完好、淤积不影响使用、无堵塞现象、标识标牌字迹清晰、无缺损。

附录 A 工程观测作业流程图

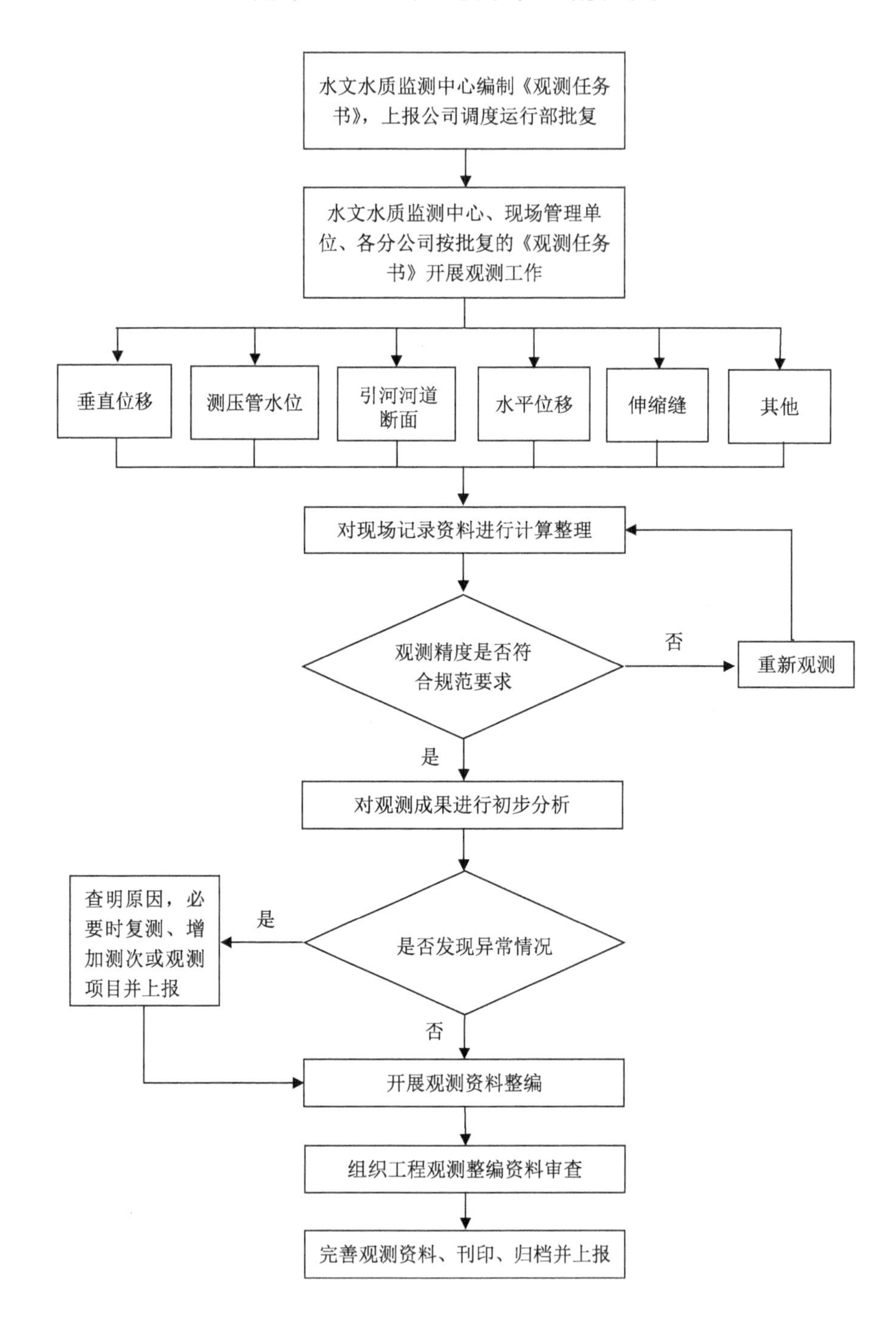

附录B　工程观测任务书

南水北调________工程________年度观测任务书

工程名称：__________　管理单位：__________

<table>
<tr><td colspan="2">工程概况</td><td colspan="3"></td></tr>
<tr><td>序号</td><td>观测项目</td><td>观测时间与测次</td><td>观测方法与精度</td><td>观测成果与要求</td></tr>
<tr><td>一</td><td>一般性观测</td><td></td><td></td><td></td></tr>
<tr><td rowspan="2">1</td><td rowspan="2">垂直位移</td><td>工作基点考证：</td><td>观测方法：
观测精度：</td><td rowspan="2">观测标点布置示意图
垂直位移工作基点考证表
垂直位移工作基点高程考证表
垂直位移观测成果表
垂直位移量横断面分布图
垂直位移量变化统计表
垂直位移量过程线</td></tr>
<tr><td>垂直位移标点观测：</td><td>观测方法：
观测精度：</td></tr>
<tr><td>3</td><td>引河
河床变形</td><td>过水断面观测：
大断面和水下地形观测：
断面桩桩顶高程考证：</td><td></td><td>河床断面桩桩顶高程考证表
河床断面观测成果表
河床断面冲淤量比较表
河床断面比较图
水下地形图</td></tr>
<tr><td>4</td><td>测压管水位</td><td>管口高程考证：
测压管灵敏度试验：
测压管淤积高程观测：
测压管水位观测：</td><td></td><td>测压管位置示意图
测压管管口高程考证表
测压管灵敏度试验成果表
测压管淤积观测成果表
测压管水位统计表
测压管水位过程线</td></tr>
<tr><td>二</td><td>专门性观测</td><td></td><td></td><td></td></tr>
<tr><td>1</td><td>伸缩缝</td><td></td><td></td><td>伸缩缝观测成果表
伸缩缝宽度与建筑物温度、气温过程线</td></tr>
<tr><td>2</td><td>水平位移</td><td></td><td></td><td>水平位移观测标点布置示意图
水平位移观测标点考证表
水平位移观测成果表
水平位移量过程线</td></tr>
<tr><td>三</td><td>其他</td><td>资料整编：</td><td></td><td>观测工作说明
观测成果初步分析</td></tr>
<tr><td colspan="2">备注</td><td colspan="3">资料成果经上级主管部门考核评审合格，并根据评审意见完善整理后，按整编要求装订成册存档</td></tr>
</table>

附录C 南水北调东线江苏段泵站工程观测项目一览表

序号	工程名称	观测项目	备注
1	宝应站	垂直位移、测压管水位、引河河道断面、伸缩缝	
2	金湖站	垂直位移、测压管水位、引河河道断面、伸缩缝、水平位移	
3	洪泽站	垂直位移、测压管水位、引河河道断面、伸缩缝、水平位移	
4	淮安四站	垂直位移、测压管水位、引河河道断面、伸缩缝	
5	淮阴三站	垂直位移、测压管水位、引河河道断面、伸缩缝	
6	泗洪站	垂直位移、测压管水位、引河河道断面、伸缩缝	
7	泗阳站	垂直位移、测压管水位、引河河道断面、伸缩缝、水平位移	
8	刘老涧二站	垂直位移、测压管水位、引河河道断面、伸缩缝	
9	睢宁二站	垂直位移、测压管水位、引河河道断面、伸缩缝、水平位移	
10	皂河二站	垂直位移、测压管水位、引河河道断面、伸缩缝、水平位移	
11	邳州站	垂直位移、测压管水位、引河河道断面、伸缩缝、水平位移	
12	刘山站	垂直位移、测压管水位、引河河道断面、伸缩缝	
13	解台站	垂直位移、测压管水位、引河河道断面、伸缩缝	
14	蔺家坝站	垂直位移、测压管水位、引河河道断面、伸缩缝、水平位移	

附录 D　i 角检验步骤

D.1　准备

选择一平坦场地，用钢卷尺量取一直线 AJ_1BJ_2，其中 J_1、J_2 为安置仪器处，A、B 为立标尺处。$AJ_1=J_1B=10.3$ m，$BJ_2=20.6$ m，如图 D-1。

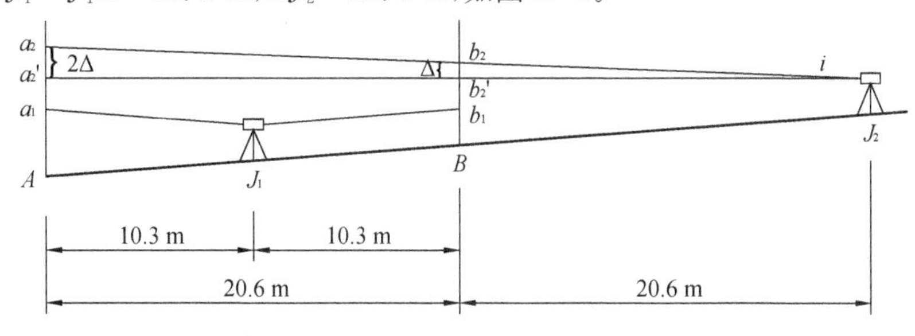

图 D-1　i 角检验方法

D.2　观测方法

在 J_1、J_2 处先后安置仪器。仔细整平仪器后，分别在 A、B 标尺上各照准基本分划读数四次。

D.3　计算方法

$$i \approx 10\Delta = 10[(a_2-b_2)-(a_1-b_1)]$$

式中：i —— i 角值，″；

a_2—— 在 J_2 处观测 A 标尺的读数平均值，mm；

b_2—— 在 J_2 处观测 B 标尺的读数平均值，mm；

a_1—— 在 J_1 处观测 A 标尺的读数平均值，mm；

b_1—— 在 J_1 处观测 B 标尺的读数平均值，mm。

D.4　校正

对于 i 角大于 15″的电子水准仪，应送有关专业机构进行校正。

附录 E　观测仪器使用步骤

E.1　电子水准仪使用步骤

E.1.1　架设脚架

松动脚架螺旋(如图 E-1 所示),把高度调至合适观测者的高度(架设仪器高度与肩部持平),拧紧脚架螺旋,支开三脚架(如图 E-2 所示);取出仪器,利用连接螺旋使水准仪与三脚架连接牢固(如图 E-3 所示);如图 E-4 所示架设在混凝土地面与土质地面上,然后把脚架踩实(公共路面要架设在道路两侧并确保自己处于安全位置)。

图 E-1　松动脚螺旋

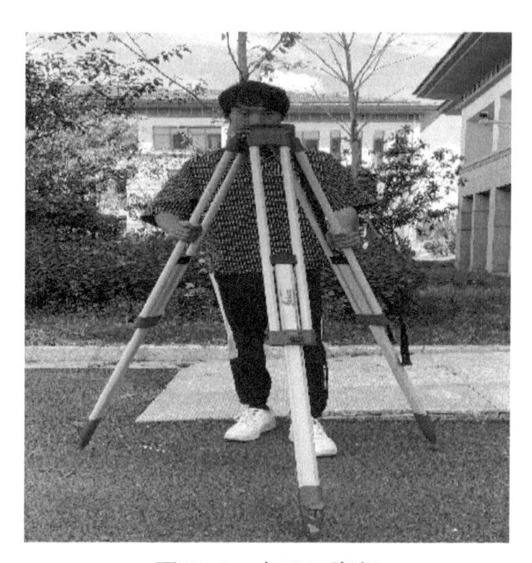

图 E-2　支开三脚架

图 E-3　连接仪器

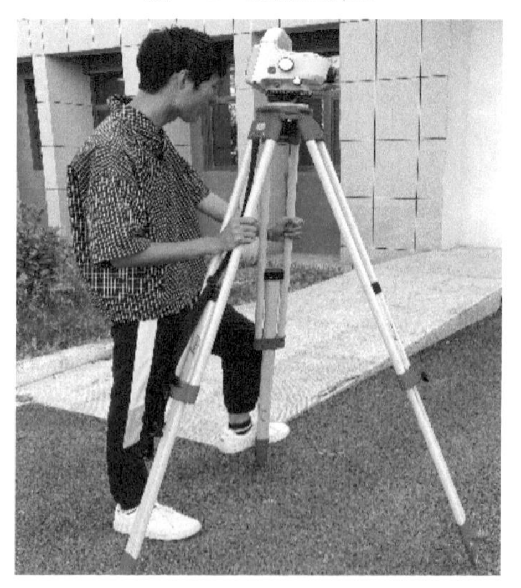

图 E-4　依次踩实脚架

E.1.2　电子水准仪操作步骤

（1）开机。长按开机键，听到“嘀”声松手，如图 E-5 所示。

图 E-5　开机操作

（2）进入“程序”。点击屏幕“2 程序”，进入程序界面，如图 E-6 所示。

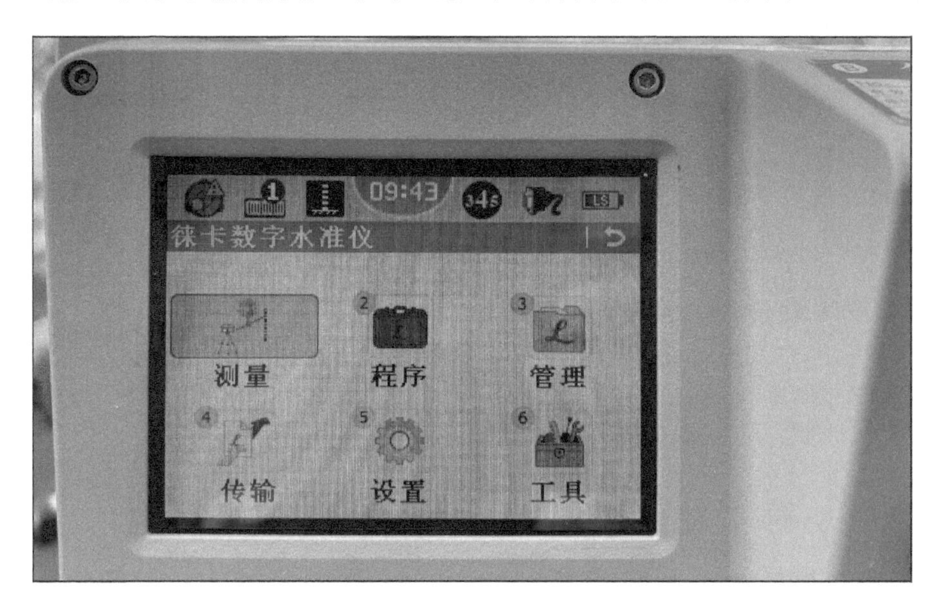

图 E-6　点击“程序”

(3) 选择“线路测量”。点击屏幕“线路测量”，进入线路测量界面，如图 E-7。

图 E-7　点击“线路测量”

(4) 设置作业，如图 E-8 至图 E-10。

① 点击屏幕“设置作业”或按 F1 键，进入设置作业界面；

② 再次点击屏幕“新建”或按 F1 键，输入作业名称后，点击屏幕“继续”或按下 F4 键。

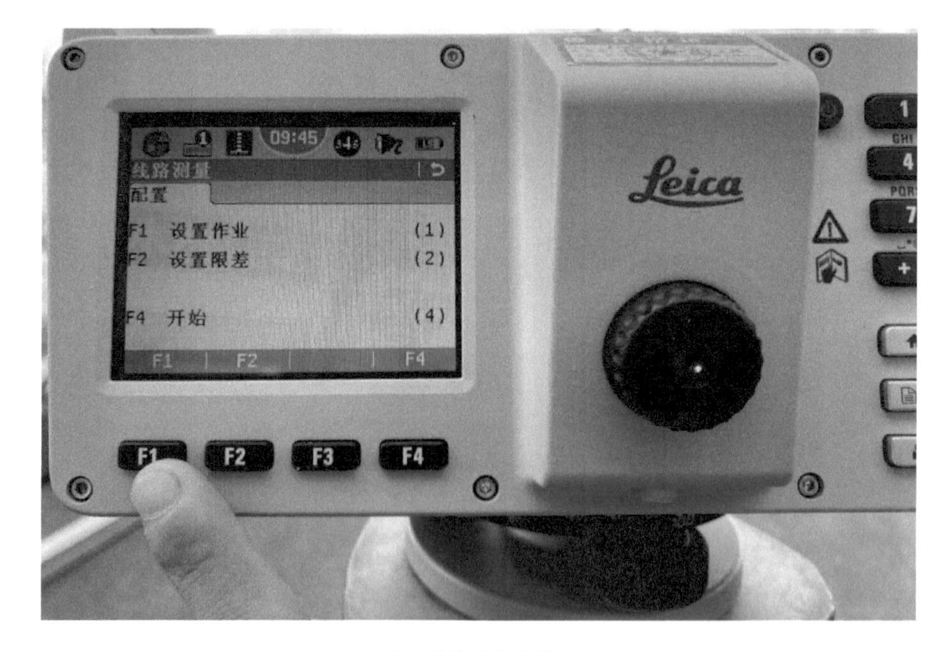

图 E-8　点击“设置作业”或按 F1 键

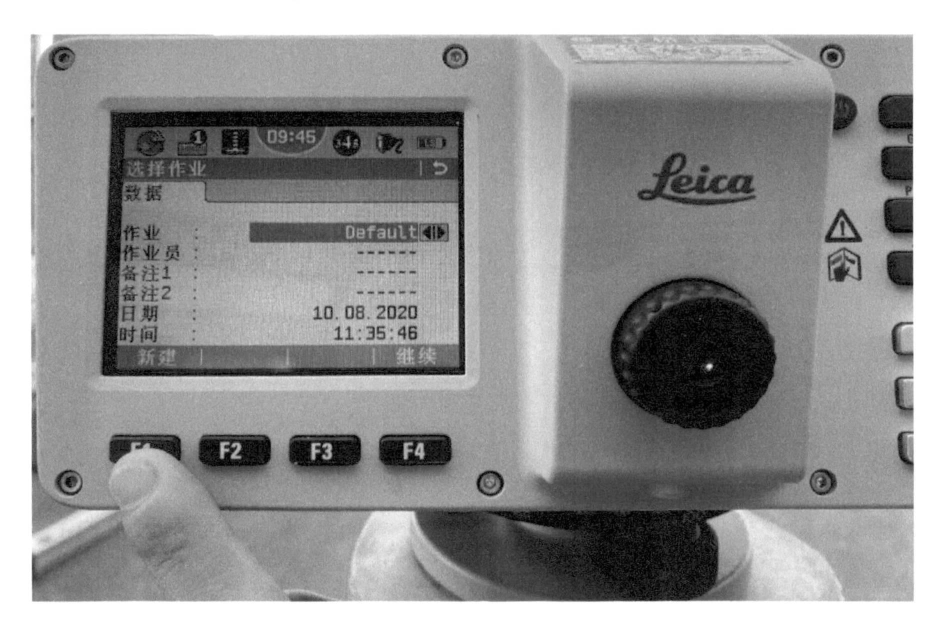

图 E-9　点击“新建”或按 F1 键

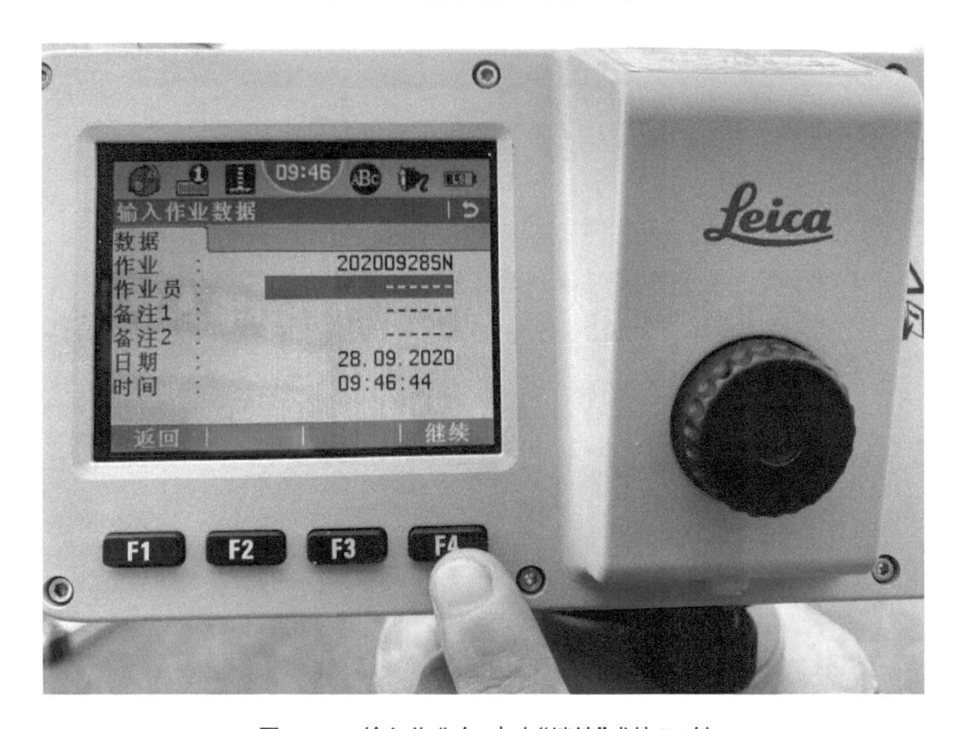

图 E-10　输入作业名、点击“继续”或按 F4 键

(5) 设置限差，如图 E-11 至图 E-12。

① 点击屏幕“设置限差”或按 F2 键，进入设置限差界面；

② 点击“配置”，各项限差状态均为“开启”，点击“换页”可翻页；

③ 点击“数值”，按规范要求输入限差值，点击“换页”可翻页；

④ 设置完成后，点击屏幕“继续”或按下 F4 键。

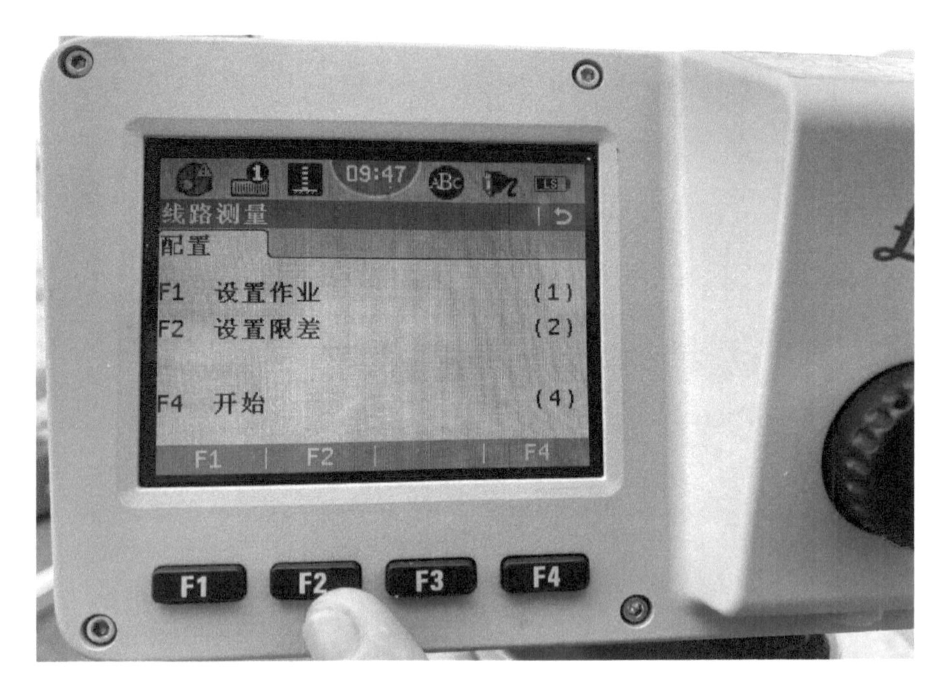

图 E-11　点击“设置限差”或按 F2 键

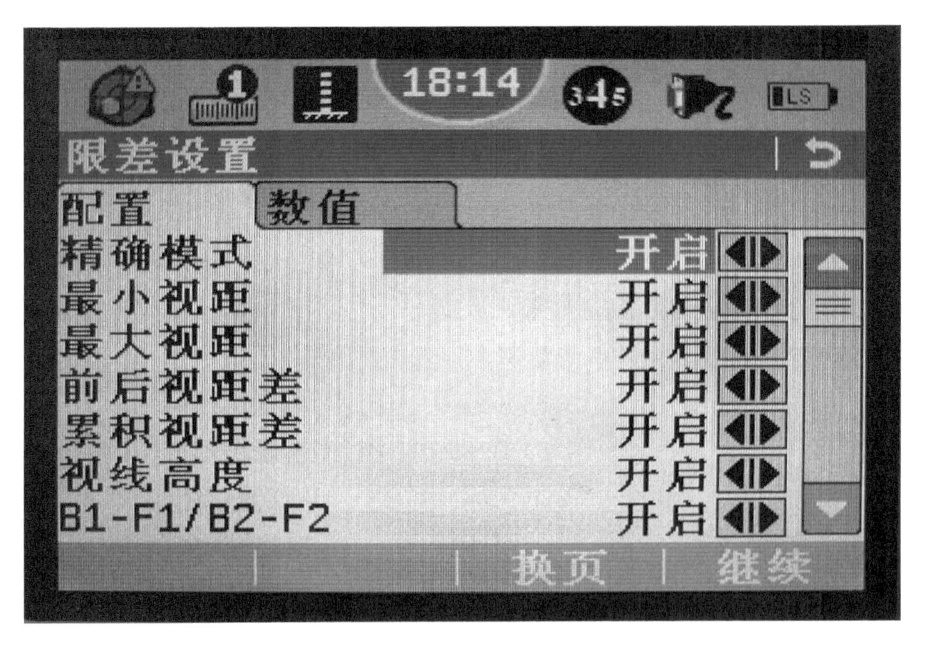

图 E-12　限差设置“配置”界面

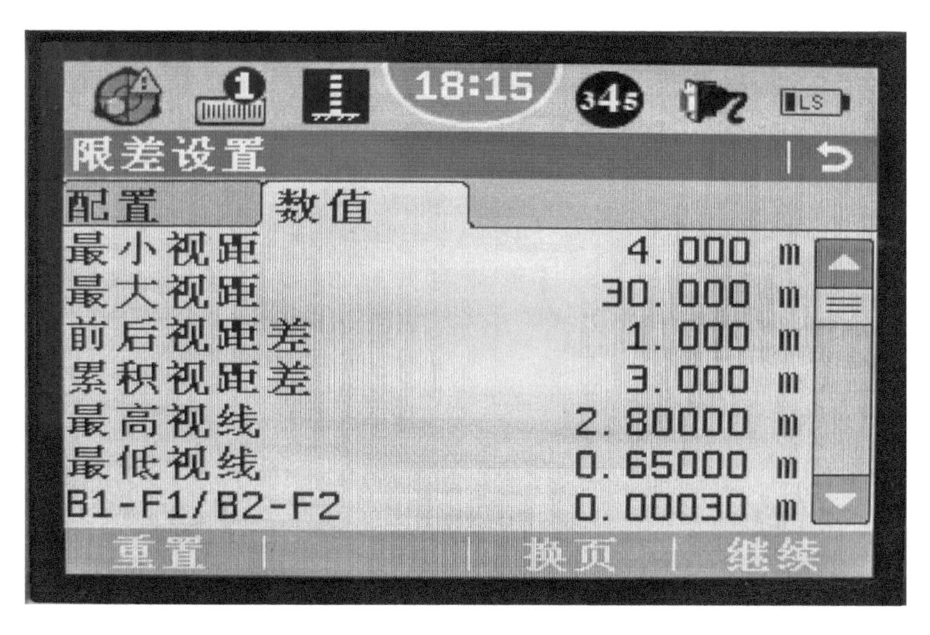

图 E-13　限差设置“数值”界面

(6) 设置测量线路，如图 E-14。

① 点击屏幕“开始”或按下 F4 键，进入线路测量界面；

② 设置内容包括线路名称（一般为默认，无须修改）、方法（一、二等水准选择 aBFFB）、起始高程；

③ 设置完成后，点击屏幕“设置”或按 F4 键，进入测量界面。

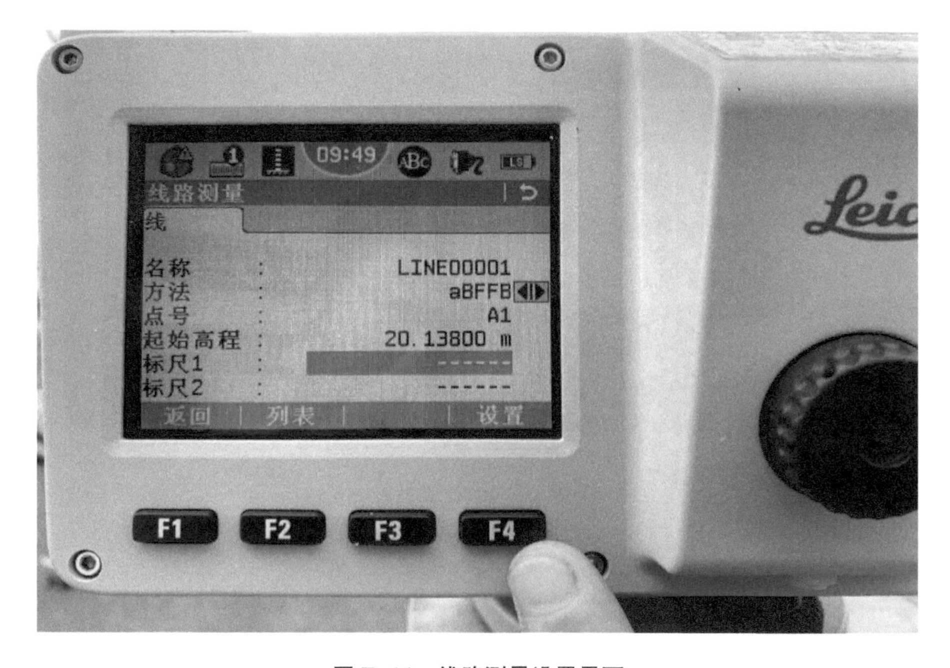

图 E-14　线路测量设置界面

E.1.3 仪器整平

对向转动仪器脚螺旋 A、B,使气泡移至 A、B 方向中间;转动脚螺旋 C,使气泡居中(如图 E-15 至 E-17 所示)。规律:气泡移动方向与左手大拇指运动的方向一致。

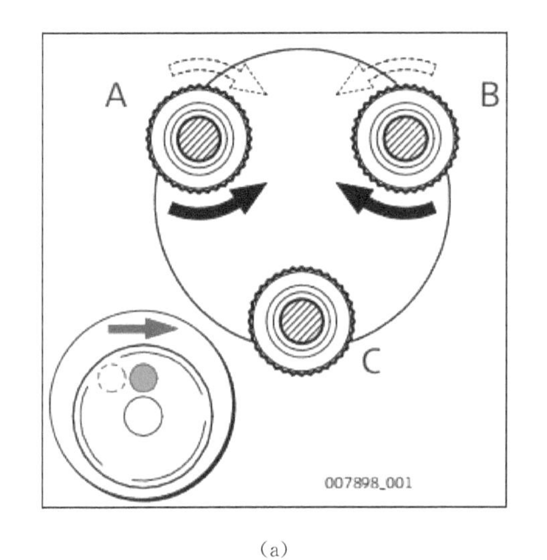

(a)

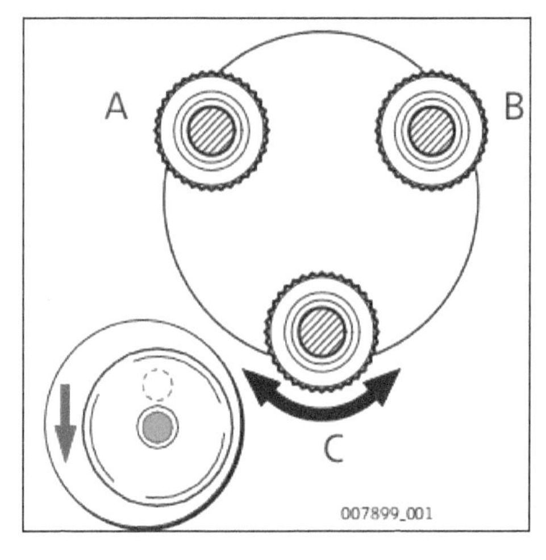

(b)

图 E-15　脚螺旋转动及气泡移动方向示意图

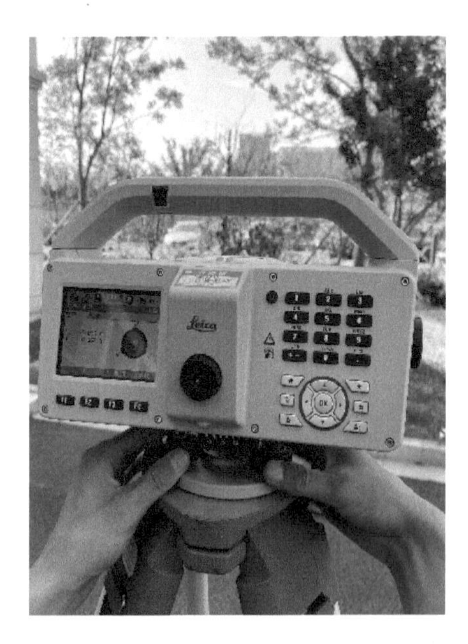

图 E-16　整平操作

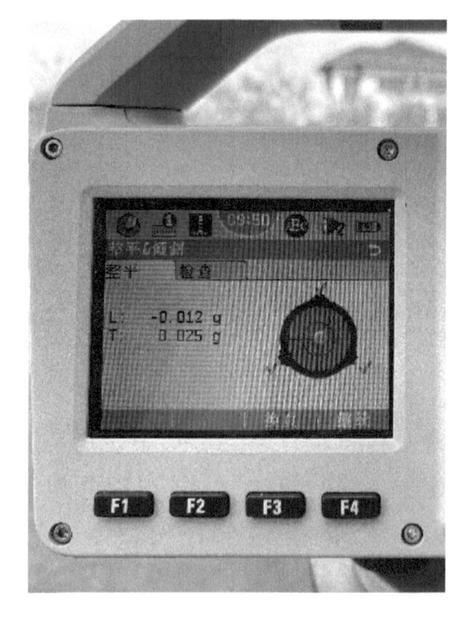

图 E-17　电子气泡居中

E.1.4 测量

(1) 线路中转点观测

① 瞄准铟钢尺,目镜中标尺条码清晰且十字丝居中时,按“测量按钮”开始观测(如图 E-18所示);

② 按照屏幕测读顺序指示(红色指示)先后读取前后标尺读数,仪器无超限提醒后进入下一站观测(如图 E-19 所示)。

图 E-18　瞄准测量

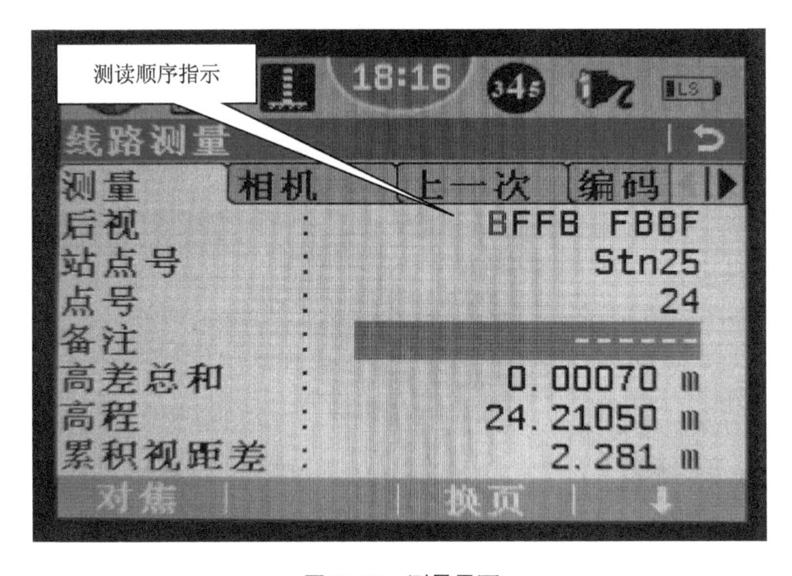

图 E-19　测量界面

(2) 间视点观测

按下键盘右侧“☆”按钮，进入功能界面(如图 E-20 所示)，先后点击“应用”“支点测量”(如图 E-21 所示)后，进入间视点测量界面(如图 E-22 所示)。

图 E-20　按下"☆"键进入功能界面

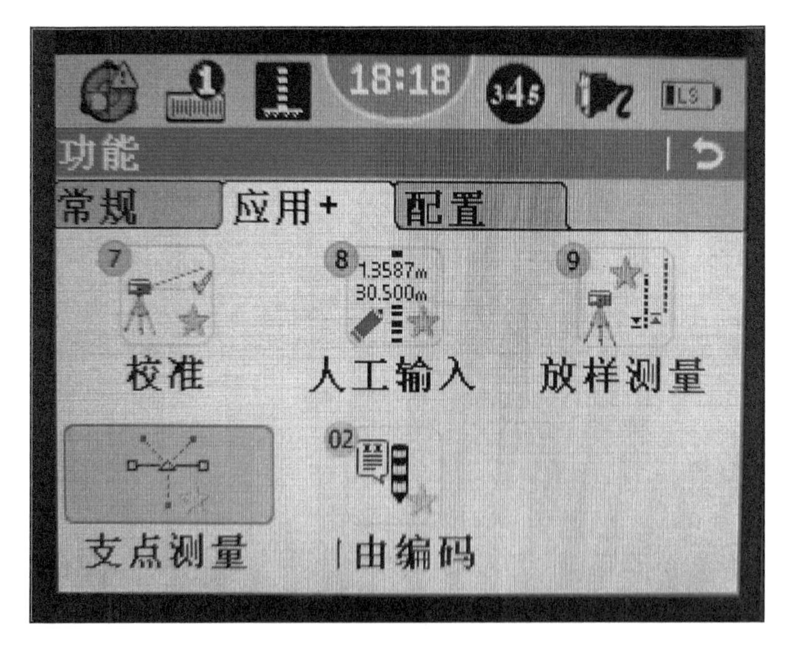

图 E-21　点击"应用""支点测量"

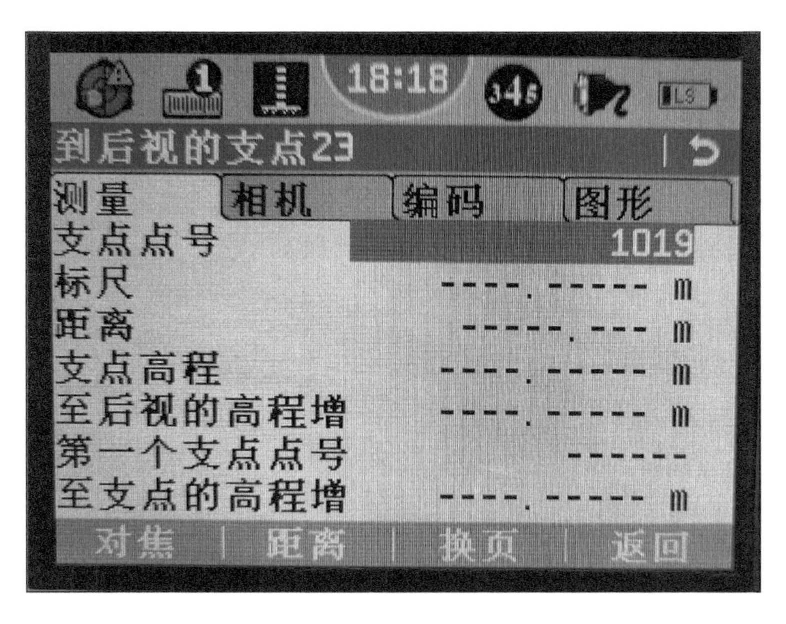

图 E-22 间视点测量界面

E.1.5 数据导出

(1) 在仪器左侧插入 U 盘(如图 E-23 所示);

(2) 点击“传输”进入数据传输界面(如图 E-24 所示),点击“数据输出”进入选择界面(如图 E-25 所示),至“USB”,数据类型选“测量点”,作业选“全部作业”或“单个作业”,选择“单个作业”需选择相应作业名(如图 E-26 所示)。

图 E-23 插入 U 盘位置

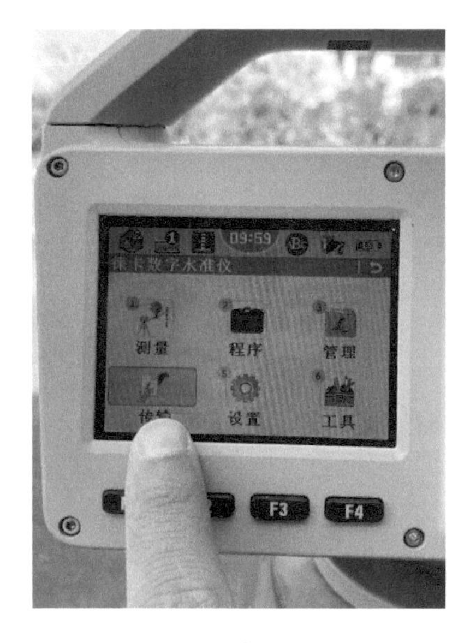

图 E-24 点击“传输”

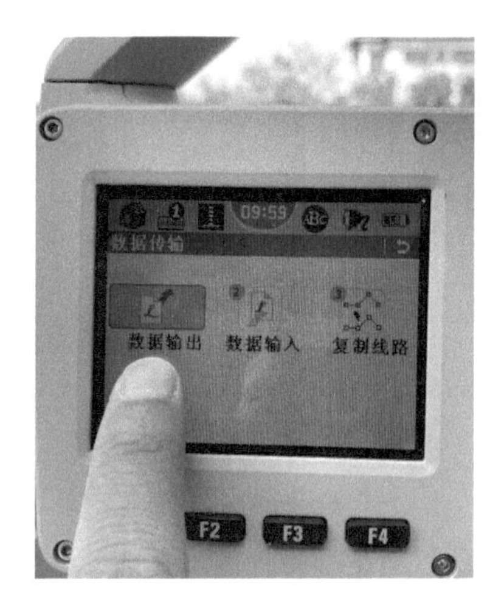

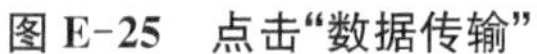
图 E-25　点击“数据传输”

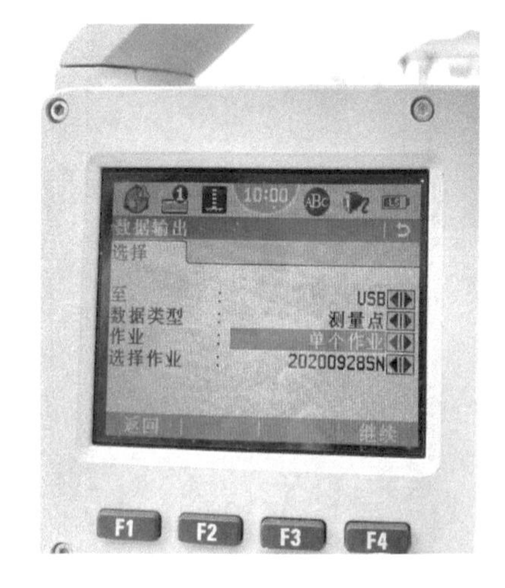

图 E-26　选择界面

E.2　无人测量船使用步骤

E.2.1　手簿及 RTK 设置步骤

(1) 开机并进入测量系统

长按 RTK(GNSS 接收机)开机键 3 秒进行开机，长按手簿开机键 3 秒开机；将 GNSS 接收机装上对中杆并且设置好对中杆杆高(一般设杆高为 1.8 米)；选择手簿的 APP 键或者点击手簿桌面上的 Hi-Survey 软件进入测量系统(如图 E-27 所示)。

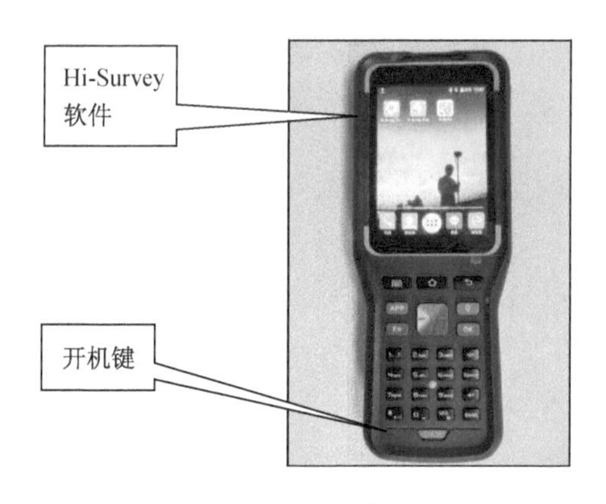

图 E-27　手簿

(2) 手簿连接 RTK

点击屏幕上的“设备”，然后点击屏幕左上角的“设备连接”；随后点击屏幕右下角的“连接”，紧接着点击屏幕下方的“搜索设备”进行设备查找，设备查找完后点击 RTK 下面型号对应的名称进行设备连接，等待设备连接完成即可(如图 E-28 所示)。

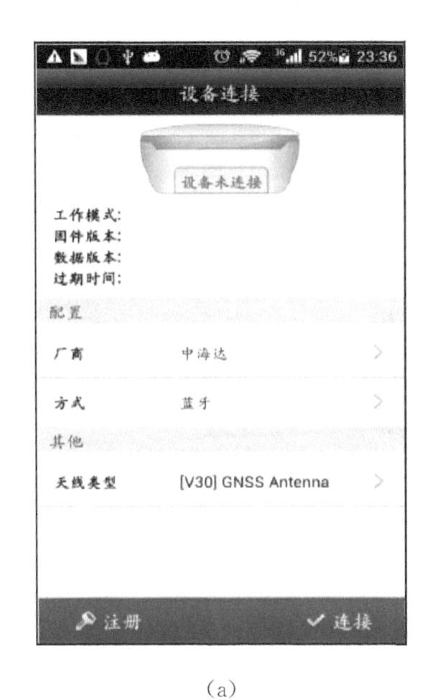

(a)

(b)

图 E-28　手簿连接 RTK

(3) 新建项目

点击屏幕“项目”，然后点击左上角的“项目信息”，在屏幕下方“项目名”里输入项目名称，输入完成后点击屏幕右上角“确定”即可(如图 E-29 所示)。

(a)

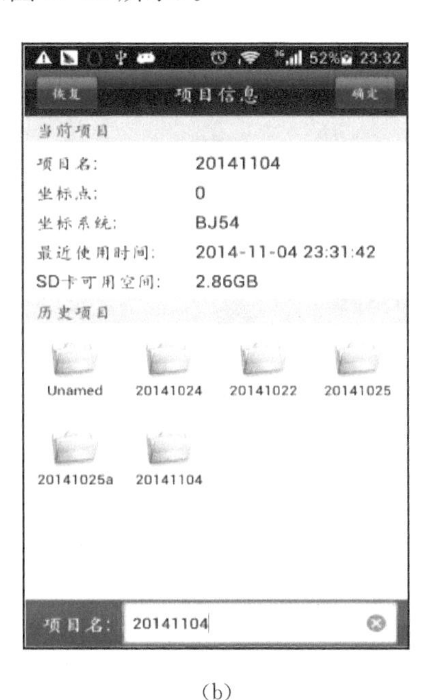

(b)

图 E-29　新建项目

(4) 设置 CORS 网络

在“设备”里点击右上角的“移动站”，数据链选择“手簿差分”(手簿连接手机热点)，服务器选择"CORS",IP、端口、源节点根据 CORS 账号信息输入,在"其他"里电文格式选择 RTCM3.0 即可,如图 E-30 所示。

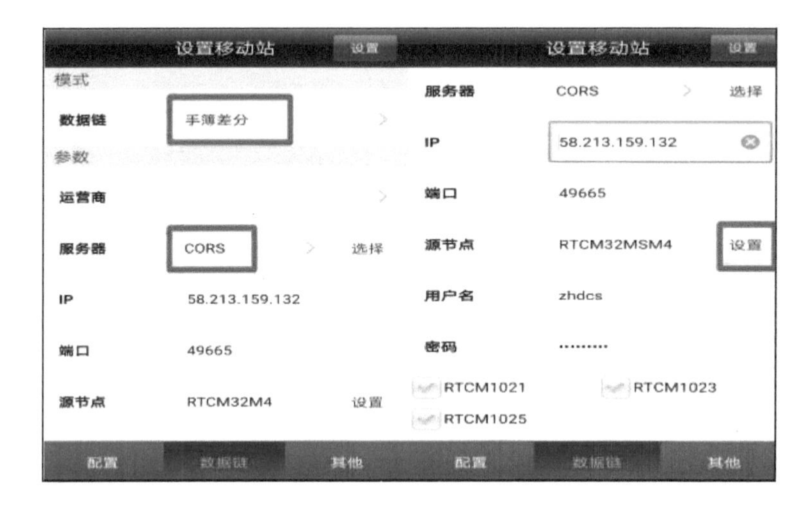

图 E-30 设置 CORS 网络

(5) 设置坐标系统

点击"项目"里"坐标系统",设置投影、基准面、平面转换、高程拟合、平面格网、选项参数(具体参数根据当时所在地进行输入),设置完成后点击保存即可(如图 E-31 所示)。

(a)

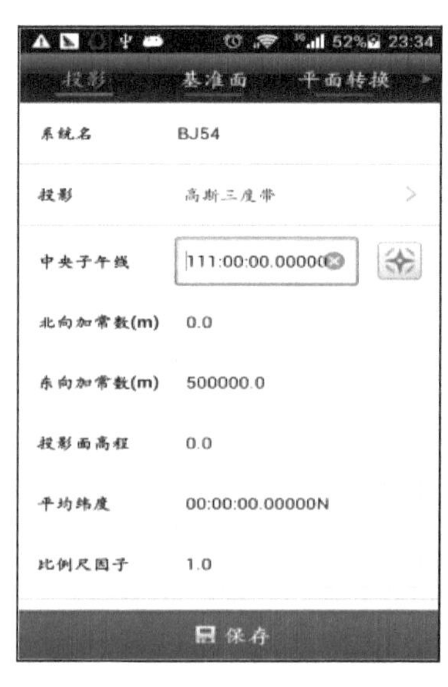

(b)

图 E-31 设置坐标系统

E.2.2 无人船连接、调试及新建任务

(1) 无人船连接

将差分天线、RTK 天线、遥控器天线(900 m)、数据天线(2.4G)连接到无人船上(如图 E-32 所示)。

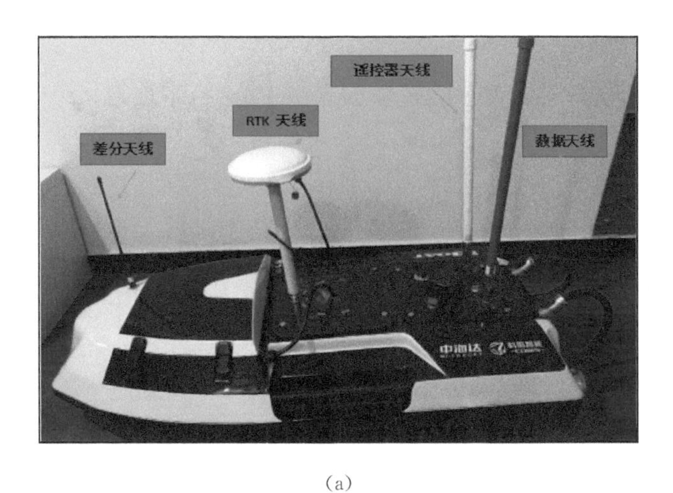

(a)

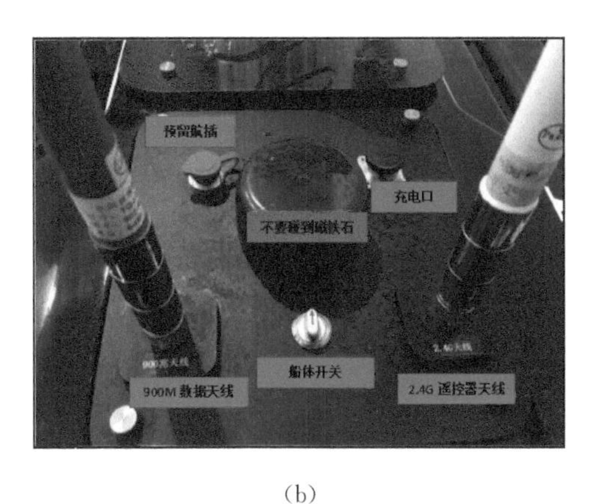

(b)

(c)

图 E-32　无人船连接

(2) 电脑网桥连接

把无线网桥底部盖子打开，将一根网线一端插入无线网桥，另一端插入基站电源的POE网口；然后用另一根网线一端插入基站电源的LAN口，另一端插入电脑的网口；再把岸基全向天线连上无线网桥的接口，最后把基站电源打开，Hi-Max软件狗插入电脑即可（如图E-33所示）。

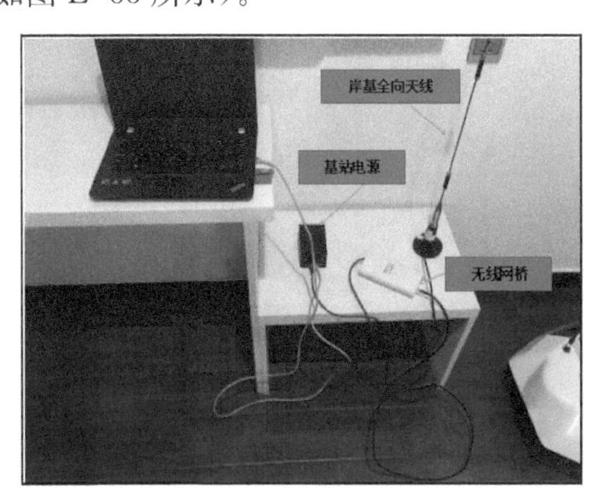

(a)

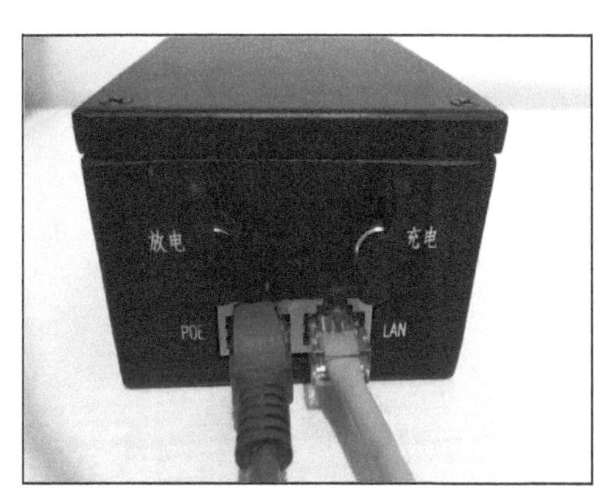

(b)

图 E-33　电脑网桥连接

(3) 电脑配置

① 电脑 IP 地址设置:打开电脑的网络和共享中心,将本地连接的 IP 地址改为使用固定 IP,即 192.168.1.88,子网掩码会自动识别为 255.255.255.0,其他选项不用修改,然后点击确定(如图 E-34 所示)。

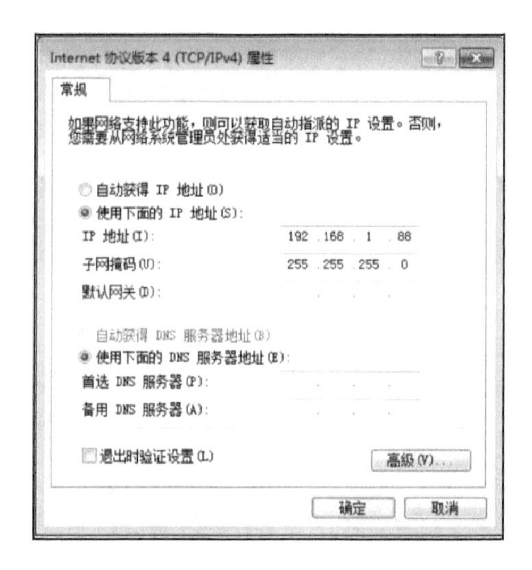

图 E-34　电脑 IP 地址设置

② 串口连接:安装 USR 虚拟串口软件后,打开软件,点击添加按钮。

③ 添加一个串口:串口号:自选;网络协议:TCP Client;目标 IP:192.168.1.28;目标端口:8000。网络状态显示"已连接",并且网络接收数据都在变化增加,说明连接成功,即可最小化软件(如图 E-35 所示)。

(a)

(b)

图 E-35　添加串口

(4) 串口调试

① 打开“Hi-Max测深仪软件”,点击“串口调试”(如图 E-36 所示)。

图 E-36　点击“串口调试”

② 点击“连接 GPS”,仪器串口、仪器类型、波特率为之前在“设备连接”界面设置的8000端口、K10、19200,无须手动改动,直接点击“连接”(如图 E-37 所示)。

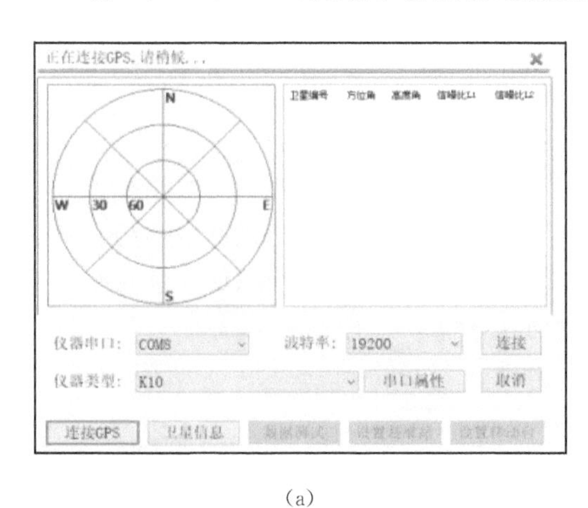

(a)

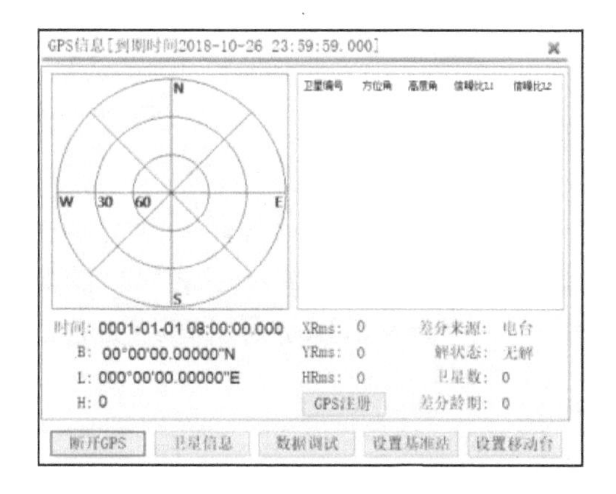

(b)

图 E-37　连接 GPS 界面设置

(5) 设置 CORS 网络

① 点击“设置移动台”,选择数据链格式,如果使用架设基站则选择“内置电台”,点击设置,输入频道号,点击“确定”(如图 E-38(a)和(b)所示);

② 如果使用 CORS,则选择“内置网络”,点击“设置”,输入对应 IP、端口等,点击“应用”,选择“差分电文”,最后点击“应用”(如图 E-38(c)和(d)所示)。

(a)

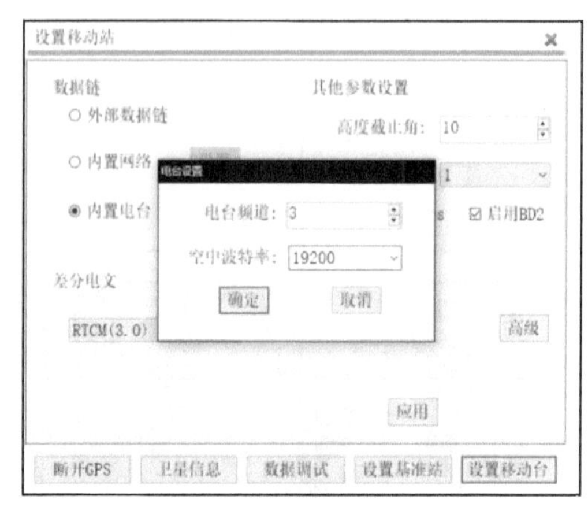

(b)

(c)

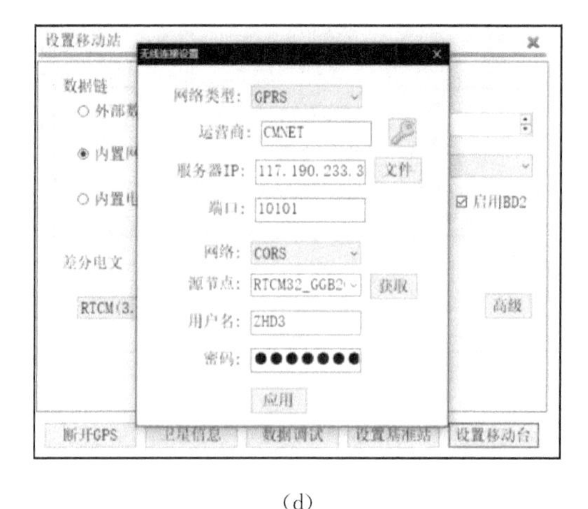

(d)

图 E-38 设置 CORS 网络

(6) 数据调试

在右侧的“输出命令”选择“OFF”,点击“发送”,可以看到左侧窗口数据停止更新,然后分别发送“GGA”(位置语句)、“ZDA”(时间语句)、“RMC”(磁偏角)、“VTG”(对低速度)4 个命令,每个命令 5Hz,完成后关闭(如图 E-39 所示)。

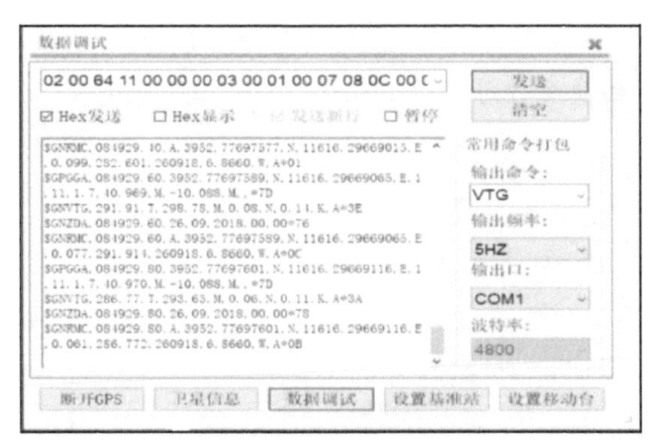

图 E-39 数据调试界面

(7) 新建任务

① 点击“项目任务”,点击“新建”,在工程名输入框里输入名称(当日时间和所在站名从拼音缩写命名,例如:20200413BYZ),新建成功后,会在软件顶部“当前项目”后显示输入的项目名称;后面的设置以及测量数据均保存在该项目中;打开以前的项目可用“导入”键中项目 PGM 文件(如图 E-40 所示)。

图 E-40 新建项目任务

② GPS 连接:点击“设备连接”,仪器串口选择端口号为 8000 的 GPS 口(自定义串口号),仪器类型为 K10,波特率无须改动,天线高为 0.45 m。点击“开始测试”,会有如图E-41所示的一串字符信息。正常情况下会显示“数据正常”或者“日期不正常”。日期不正常时进入软件的“串口调试”窗口再次发送 GGA、ZDA、RMC 和 VTG 命令,再返回来即显示“数据正常”。

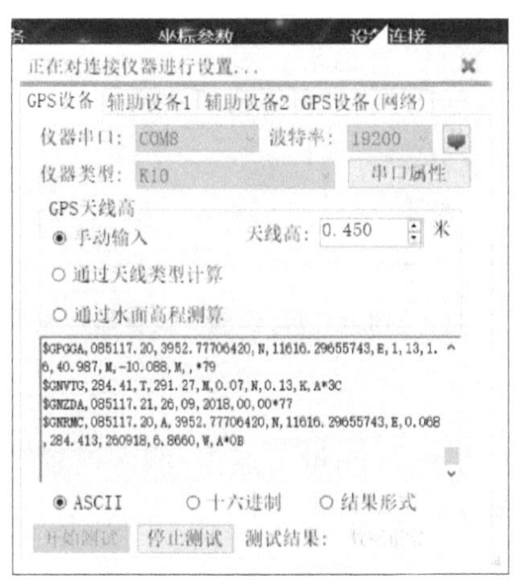

图 E-41 GPS 设备设置界面

③ 点击"坐标参数",按照工程要求,输入坐标转换参数(如图 E-42 所示)。选择需要的当地椭球坐标系、投影、转换参数等,点击"保存",即可将转换参数文件保存下来,然后关掉窗口即可。

图 E-42　坐标参数设置界面

④ 点击"船形设计",BS2 无人船 GPS 天线比换能器水平位置靠前 8 cm,需在船艏方向处输入"0.08",两者均在船的中轴线上,故"右船舷方向"为 0(如图 E-43 所示)。

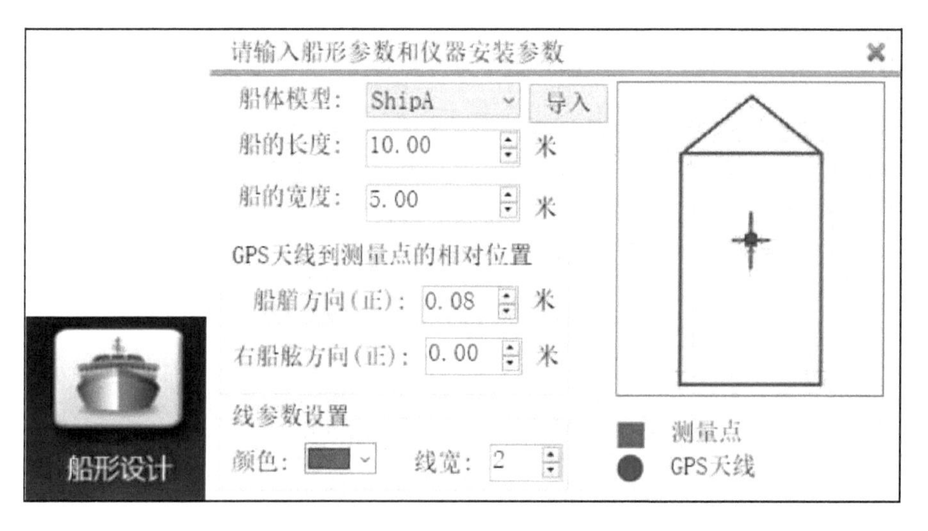

图 E-43　船形参数及仪器安装参数设置界面

E.2.3　测量设置

(1) 打开 Hi-Max 软件中的"测深测量",点击"测深设置",须输入吃水值,建议吃水值设置为 0.1 m(如图 E-44 所示)。

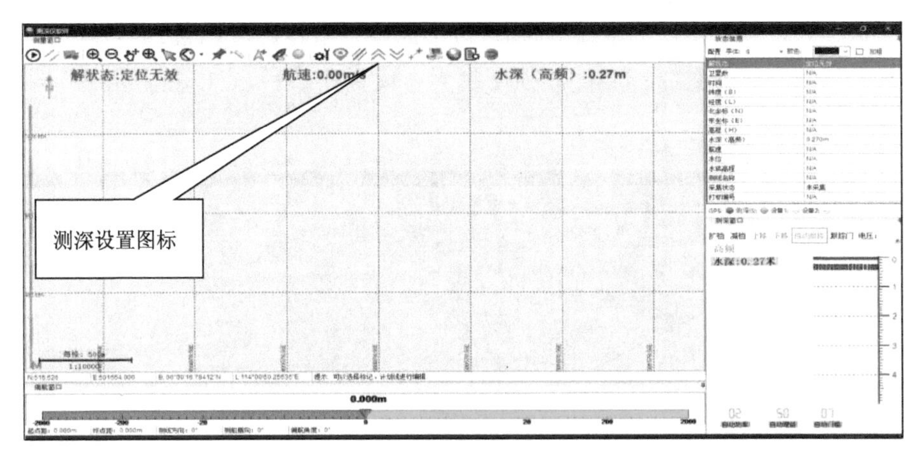

(a)

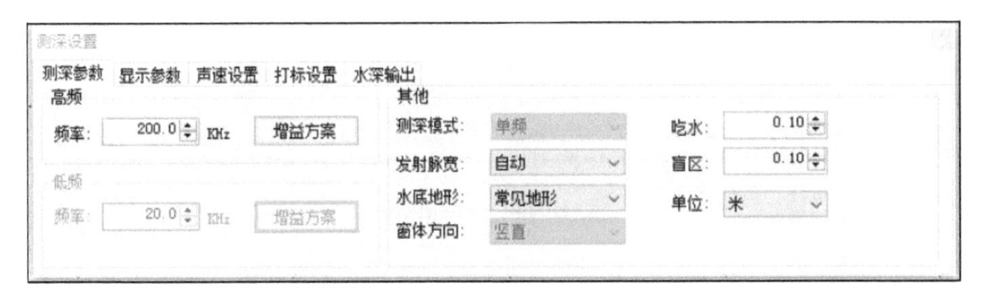

(b)

图 E-44　测深设置

(2) 点击“测量设置”,可在左下角选择记录条件,记录条件向上兼容(如图 E-45 所示)。比如选择单点解,则单点解及以上的条件(差分解、固定解)均记录数据;选择固定解,则只记录固定解状态下的数据,差分解、单点解不记录。同时也要设置它的打标模式,一般是按照实际行走距离打标,距离自定。

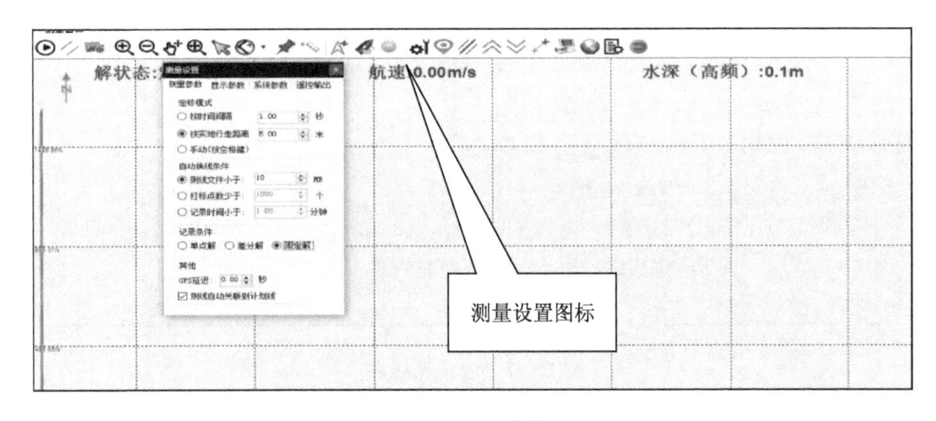

图 E-45　测量设置

(3) 无人船下水后,注意右上角的时间、解状态、水深数据是否正常。右下角的水深显示窗口显示水深应该干净无杂波,大多数水域情况下,无须设置“自动功率、自动增益、自动门槛”，当处于特殊情况下，比如水深较浅时，可手动调节增益以及门槛，进行加减。增益越高，回波放大增益越高，门槛越高，滤波强度越大。设置完成后，点击左上角的“开始记录”按钮（如图 E-46 所示）。

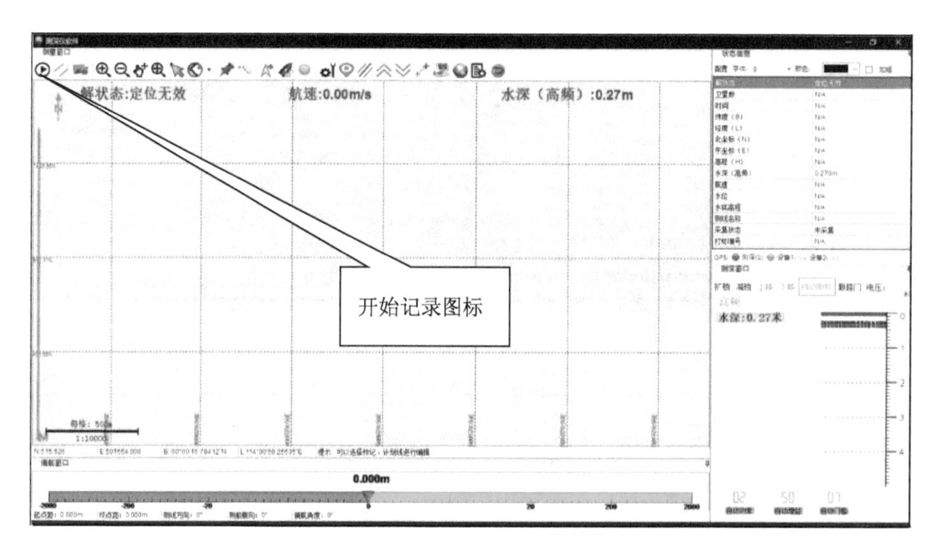

图 E-46　开始记录

（4）输入“测线名称”（如图 E-47 所示），则可以开始记录数据；测量结束后，再次点击“开始记录”按钮，就能停止记录。

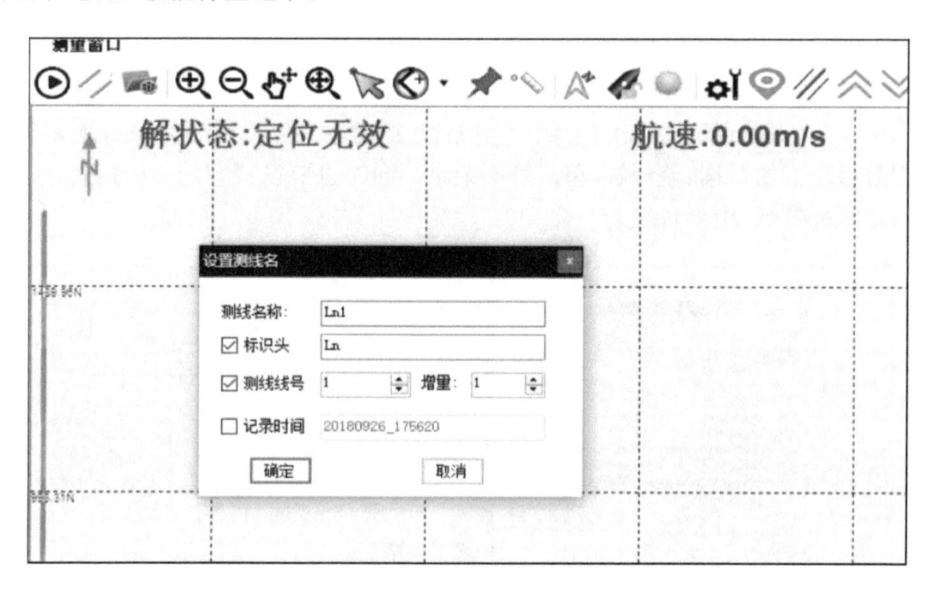

图 E-47　设置测线名

E.2.4　数据后处理

（1）水深取样。点击 Hi-Max 的“水深取样”图标（如图 E-48 所示）。

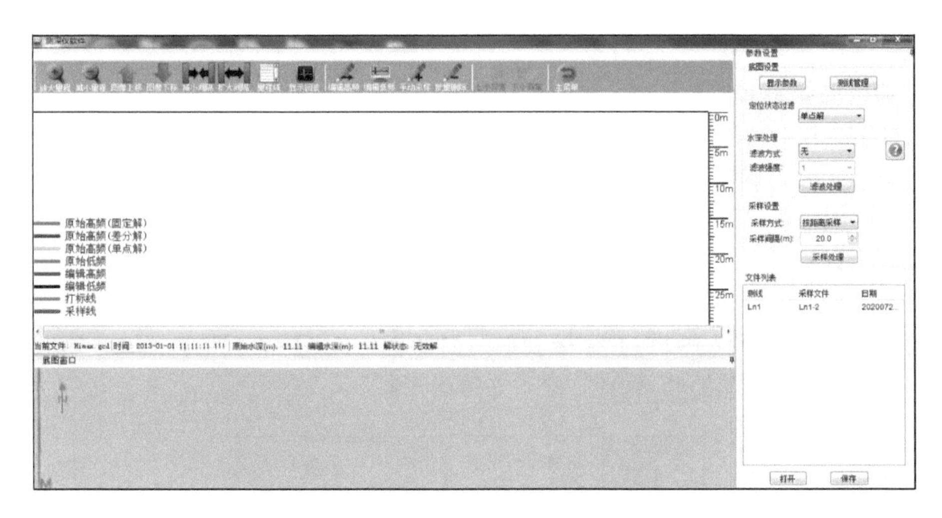

图 E-48　水深取样界面

(2) 在右下角选中一条测线,点击“打开”,点击“显示回波”。

(3) 若红色粗线(模拟回波)与蓝色线(数字水深点)两者匹配,点击右侧“滤波处理”。滤波方式三种均可,强度一般选择 3 以下。

(4) 滤波后拖动窗口下方的进度条,找蓝线与红线不匹配的地方,不匹配时,用鼠标左键拖动蓝线,跟红线匹配即可。

(5) 按需要的采样间隔在右侧选择“采样间隔”,输入距离,点击“采样处理”,即可完成按距离的采样。如果两个采样点之间有特殊点需要提取,点击任务栏上的“手动采样”,即可用鼠标在下方任意点击,进行取点。全部处理完后,点击右下方“保存”(如图 E-49 所示)。

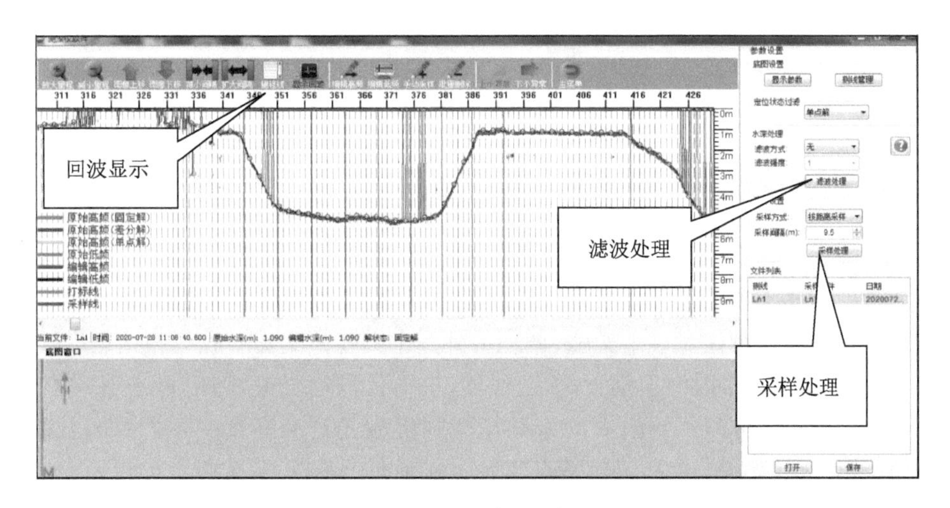

图 E-49　测线处理界面

E.2.5 遥控使用步骤

遥控器按键如图 E-50 所示。

(1) 开启遥控器:将遥控器天线拨直,保证油门在中位后长按开关打开遥控器,有报警则按遥控器右下方的确定按钮。

(2) 开启无人船(自检):船的开启按钮打开后会发出“嘀嘀嘀”的声音,等到它声音停止以后就是正常开启了。

(3) 遥控器解锁:开启船 1 min 后,将方向键往下拨至底端 3~10 s 再回中,切换模式开关,先切到“保持”再切到“手动”,轻微拨动油门摇杆或左右摇杆查看电机是否正常转动。

(4) 测量结束后先关掉船只电源,最后关掉遥控器。

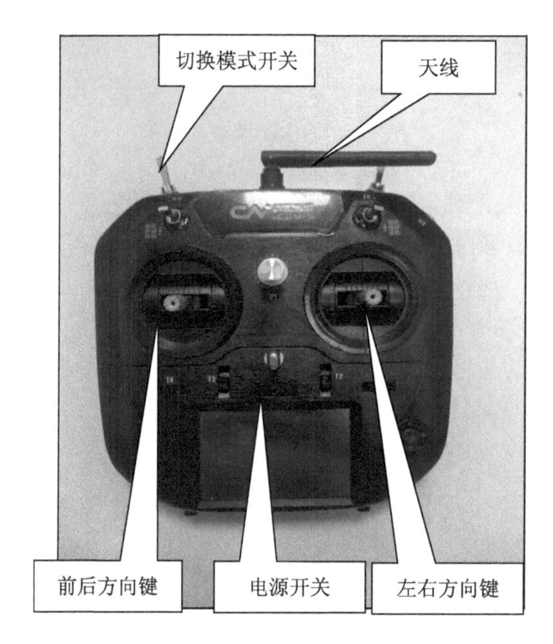

图 E-50 遥控器按键说明

E.3 全站仪使用步骤

E.3.1 仪器架设、整平

(1) 松动三脚架固定螺旋,架腿调至适宜高度,固定三脚架螺旋,按观测者身高调好三脚架的高度,张开并踩牢任意一个架腿,调动另外两个架腿使架头中心与测站点大致居中。

(2) 安置仪器使仪器居中于架头,固定仪器,按下仪器的☆键,随后点击 F1 键进入“补偿”界面,再点击 F1 键打开激光,挪动未踩牢架腿将激光对准基点中心,对准后踩牢架腿(如图 E-51 所示)。若水平位移工作基点建设有强制对中基座,直接拧上即可。

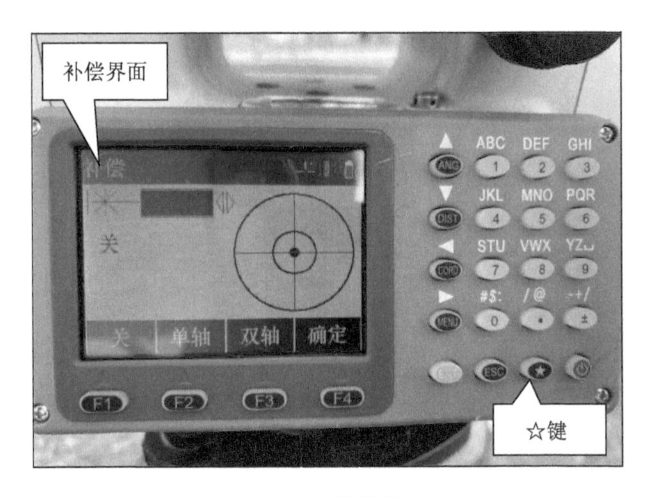

图 E-51　补偿界面

(3) 看圆水准气泡的位置上升或下调架腿，使圆水准气泡大致居中；再通过激光对中观察与测站点偏离多少，如果偏离小的话微松镜头连接螺旋，调动镜头，使对测站点居中(如图 E-52 所示)。

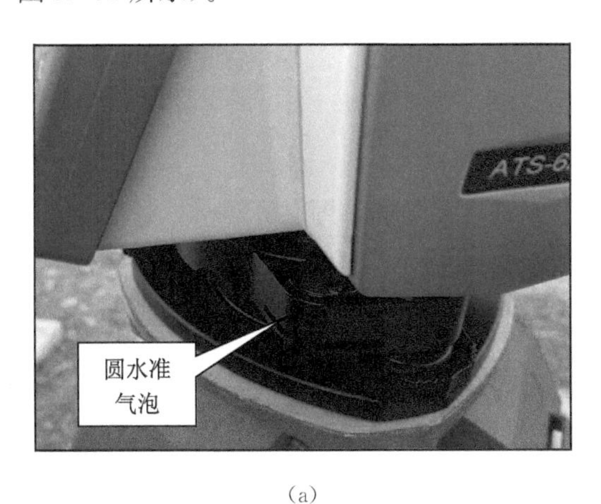

(a)

(b)

图 E-52　强制对中操作

(4) 粗平：看圆气泡，分别旋转仪器的 3 个脚螺旋将仪器大致整平，调节方式同水准仪整平(如图 E-53 所示)。

图 E-53　粗平

(5) 精平:使仪器照准部上的管状水准器(或者称长气泡管)平行于任意一对脚螺旋,旋转两脚螺旋使气泡居中(最好采用左拇指法,即左右手同时转动两个脚螺旋,并且两拇指移动方向相向,左手大拇指方向与气泡管气泡移动方向相同);然后,将照准部旋转 90°,旋转另外一个脚螺旋使长气泡管气泡居中(如图 E-54 所示)。

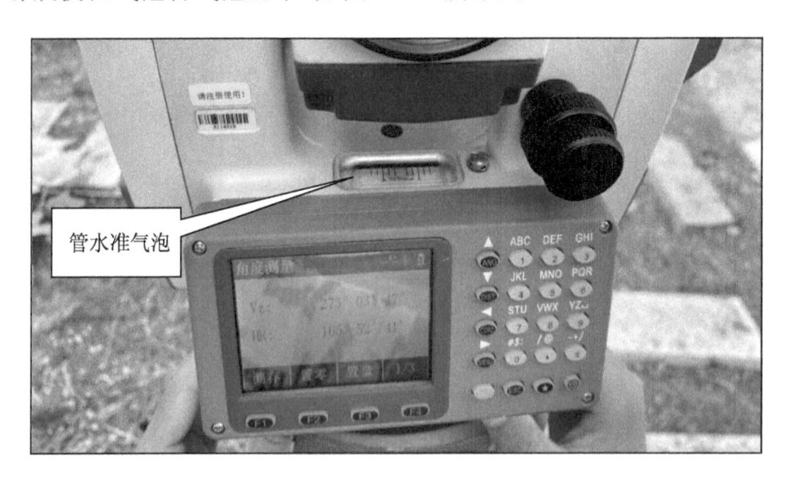

图 E-54　精平

(6) 调好水平,再次通过光学对中器观察测站点是否偏移,如果偏移重复步骤(3)、(4)直到测站点、管水准气泡都居中的情况下才可以进行测量。

E.3.2　全站仪操作步骤

(1) 按住红色电源开关键(蜂鸣器会保持蜂鸣),直到显示屏点亮后放开电源开关键,则仪器开机(如图 E-55 所示)。

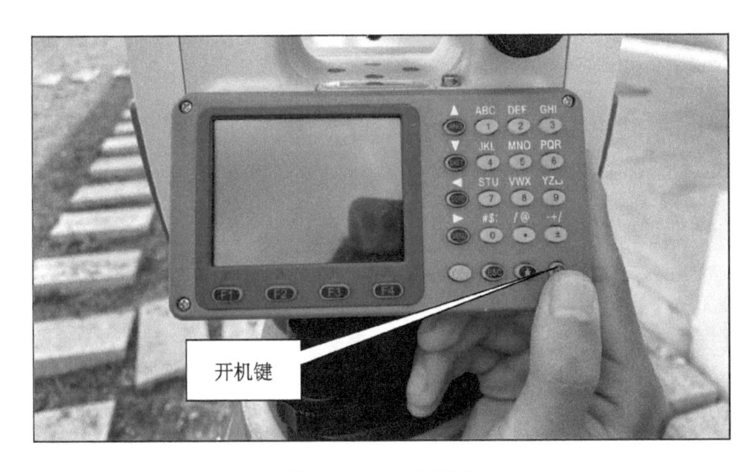

图 E-55　开机操作

(2) 按下“ANG”键(如图 E-56 所示),在后视点架设棱镜,粗瞄照准棱镜(如图 E-57 所示);调节目镜、物镜,调节微调螺旋将十字丝照准棱镜中心,点击 F2 置零。ANG 代表角度测量、DIST 代表距离测量、CORD 代表坐标测量,按下相应按键。

(3) 依次照准观测标点,按下 F2 键或点击屏幕测量键,记录相关数据。

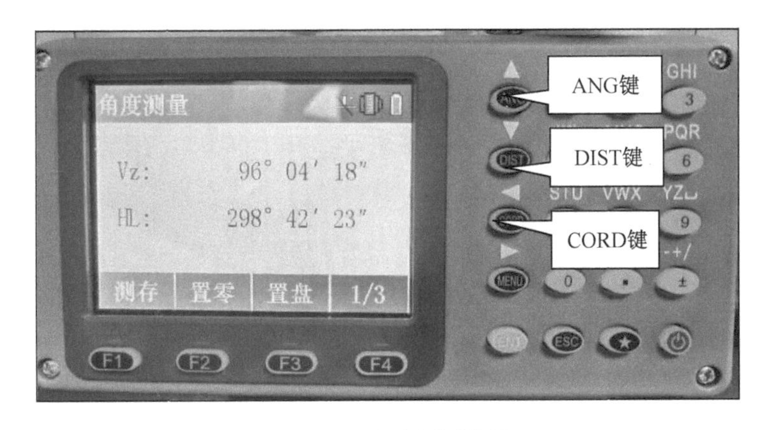

图 E-56　角度测量界面

图 E-57　架设棱镜

E.4 电子游标卡尺使用步骤

E.4.1 电子游标卡尺操作

（1）将游标推至主尺最左端，拧紧两个固定螺旋，按“ON(OFF)”键开关机。

（2）按下“zero”键置零(如图 E-58 所示)。

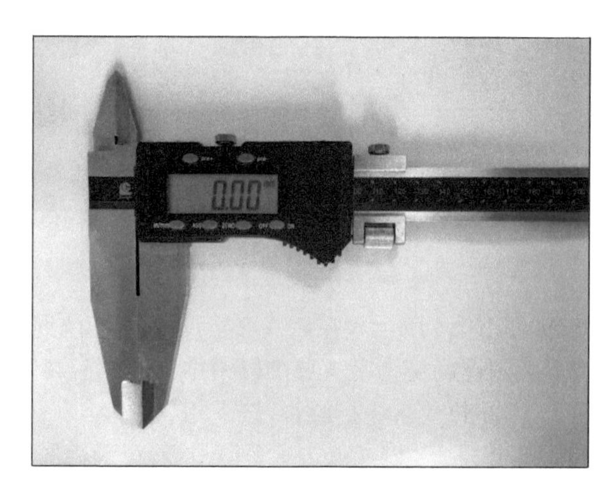

图 E-58　电子游标卡尺

（3）松开固定螺旋，移动游标，卡住标点，拧紧固定螺旋，记录读数(如图 E-59 所示)。测量外径，用下侧刀口钳住两个标点外侧；测量内径，用上侧刀口撑住两个标点内侧。

（4）每测完一组标点，重新置零，重复(3)操作。

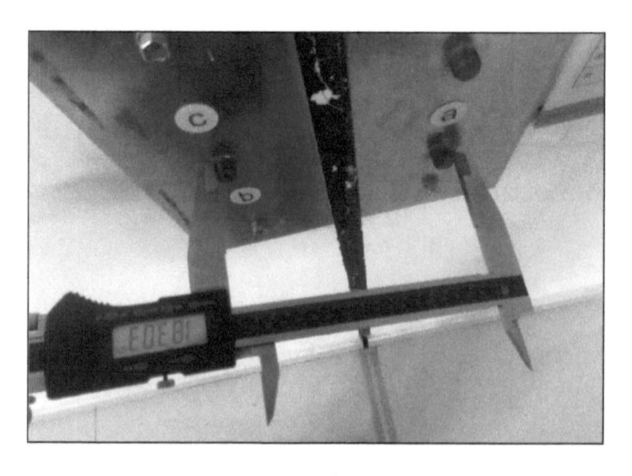

图 E-59　电子游标卡尺测量

（5）两点式直接用游标卡尺测量标点距离，计算两次距离的差值即为伸缩缝宽度变化。

E.5 电测水位计使用步骤

（1）使用电测水位计测量前，拧松绕线盘后面的止紧螺丝，让绕线盘自由转动，按下电源键，电源指示灯亮(如图 E-60 所示)。

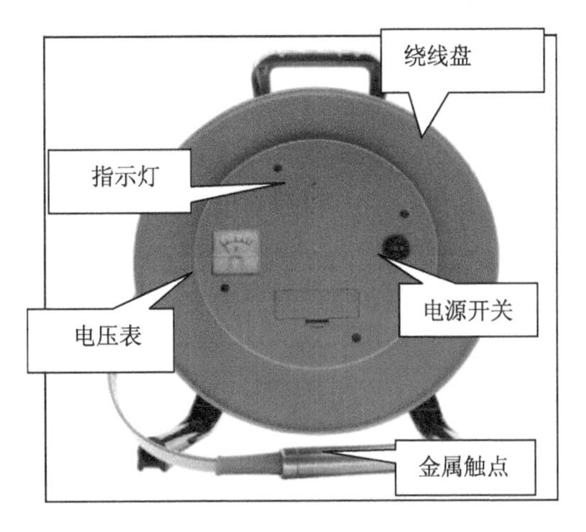

图 E-60　电测水位计

（2）把测头放入水管内，徐徐释放电缆（有刻度），让测头缓慢地向下移动，当测头触点接触到水面时，指示器便会发出蜂鸣声。将电缆稍许上提，到指示器不起反应时，再慢慢上下数次，在指示器开始反应的瞬间，捏住电缆与管口相平处，此处刻度即为管口距管中水面的距离，此结果计为第一次读数，依此测量方法再进行第二次测量，取均值为测量结果（如图 E-61 所示）。

图 E-61　测压管水位测量